KB018663

딱정벌레

나들이도감

세밀화로 그린 보리 산들바다 도감

딱정벌레 나들이도감 4

그림 옥영관
감수 강태화
글 강태화, 김종현

편집 김종현
자료 정리 정진이
기획실 김소영, 김수연, 김용란
디자인 이안디자인
제작 심준엽
영업 안명선, 양병희, 원숙영, 정영지, 조현정
새사업팀 조서연
경영 지원 신종호, 임혜정, 한선희
분해와 출력 · 인쇄 (주)로얄프로세스
제본 (주)상지사 P&B

1판 1쇄 펴낸 날 2021년 4월 15일
펴낸이 유문숙
펴낸 곳 (주) 도서출판 보리
출판등록 1991년 8월 6일 제 9-279호
주소 (10881) 경기도 파주시 직지길 492
전화 (031)955-3535 / **전송** (031)950-9501
누리집 www.boribook.com **전자우편** bori@boribook.com

ⓒ 보리 2021
이 책의 내용을 쓰고자 할 때는 저작권자와 출판사의 허락을 받아야 합니다.
잘못된 책은 바꾸어 드립니다.
값 12,000원

보리는 나무 한 그루를 베어 낼 가치가 있는지 생각하며 책을 만듭니다.

ISBN 979-11-6314-192-1 06470 978-89-8428-890-4 (세트)

세밀화로 그린 보리 산들바다 도감

잎벌레와 바구미 외 200종

딱정벌레 나들이도감

그림 옥영관 | 감수 강태화 | 글 강태화, 김종현

잎벌레과
콩바구미과
주둥이거위벌레과
거위벌레과
창주둥이바구미과
왕바구미과
소바구미과
벼바구미과
바구미과

보리

일러두기

1. 이 책에는 우리나라에 사는 딱정벌레 200종이 실려 있습니다. 그림은 성신여대 자연사 박물관에 소장되어 있는 표본과 저자와 감수자가 가지고 있는 표본, 구입한 표본을 보고 그렸습니다. 딱정벌레 가운데 암컷과 수컷 생김새가 다르거나 색깔 변이가 있는 종은 가능한 모두 그렸습니다.
2. 딱정벌레는 분류 차례대로 실었습니다. 딱정벌레 이름과 학명, 분류는 저자 의견과 《한국 곤충 총 목록》(자연과 생태, 2010)을 따랐습니다.
3. 1부에는 딱정벌레 종 하나하나에 대한 생태와 생김새를 설명해 놓았습니다. 2부에는 딱정벌레에 대해 알아야 할 내용을 따로 정리해 놓았습니다.
4. 맞춤법과 띄어쓰기는 국립 국어원 누리집에 있는 《표준국어대사전》을 따랐습니다. 하지만 과 이름에는 사이시옷을 적용하지 않았고, 전문 용어는 띄어쓰기를 하지 않았습니다.

   예. 멸종위기종, 종아리마디, 앞가슴등판

5. 몸길이는 머리부터 꽁무니까지 잰 길이입니다.

버들잎벌레

6. 본문 보기

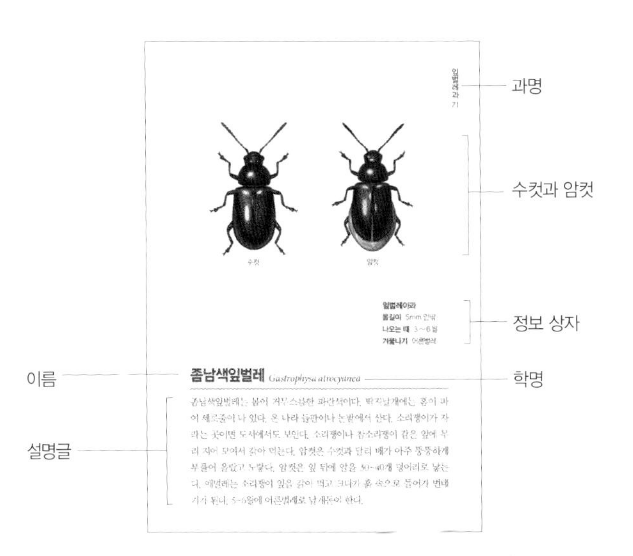
잎벌레과
71
과명
수컷
암컷
수컷과 암컷
잎벌레아과
몸길이 5mm 안팎
나오는 때 3~6월
겨울나기 어른벌레
정보 상자
이름
좀남색잎벌레 Gastrophysa atrocyanea
학명
좀남색잎벌레는 몸이 거무스름한 파란색이다. 딱지날개에는 홈이 파여 세로줄이 나 있다. 온 나라 들판이나 논밭에서 산다. 소리쟁이가 자라는 곳이면 도시에서도 보인다. 소리쟁이나 참소리쟁이 같은 잎에 무리 지어 모여서 갉아 먹는다. 암컷은 수컷과 달리 배가 아주 뚱뚱하게 부풀어 올랐고 노랗다. 암컷은 잎 뒤에 알을 30~40개 덩어리로 낳는다. 애벌레는 소리쟁이 잎을 갉아 먹고 크다가 흙 속으로 들어가 번데기가 된다. 5~6월에 어른벌레로 날개돋이 한다.
설명글

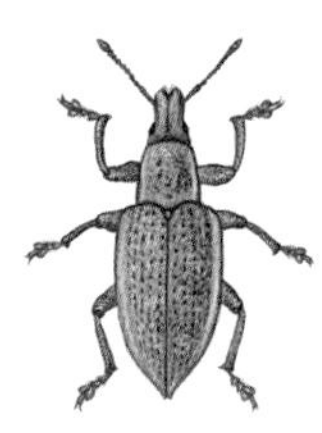

딱정벌레 나들이도감

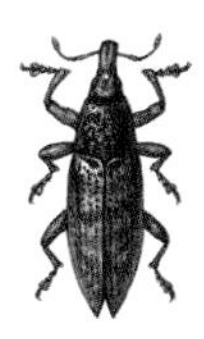

그림으로 찾아보기

잎벌레과

뿌리잎벌레아과

원산잎벌레 24

렌지잎벌레 25

벼뿌리잎벌레 26

넓적뿌리잎벌레 27

혹가슴잎벌레아과

혹가슴잎벌레 28

쌍무늬혹가슴잎벌레 29

수중다리잎벌레아과

수중다리잎벌레 30

남경잎벌레 31

긴가슴잎벌레아과

아스파라가스잎벌레 32

곰보날개긴가슴잎벌레 33

백합긴가슴잎벌레 34

고려긴가슴잎벌레 35

점박이큰벼잎벌레 36

주홍배큰벼잎벌레 37

붉은가슴잎벌레 38

배노랑긴가슴잎벌레 39

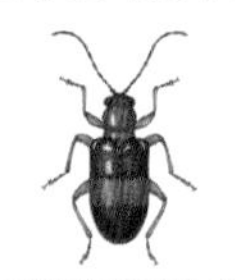
홍줄큰벼잎벌레 40

적갈색긴가슴잎벌레 41

등빨간남색잎벌레 42

벼잎벌레 43

큰가슴잎벌레아과

중국잎벌레 44

동양잎벌레 45

넉점박이큰가슴잎벌레 46

만주잎벌레 47

반금색잎벌레 48

민가슴잎벌레 49

통잎벌레아과

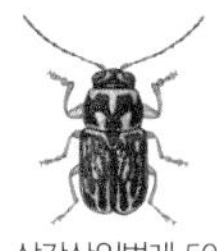

삼각산잎벌레 50

어깨두점박이잎벌레 51

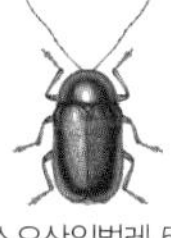

소요산잎벌레 52

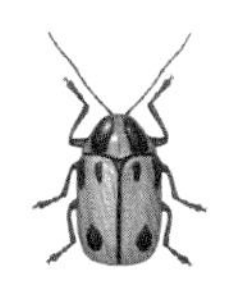

팔점박이잎벌레 53

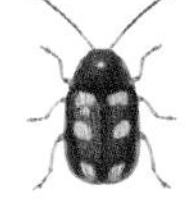

콜체잎벌레 54

육점통잎벌레 55

반짝이잎벌레아과

두릅나무잎벌레 56

톱가슴잎벌레아과

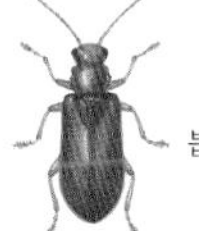

톱가슴잎벌레 57

꼽추잎벌레아과

금록색잎벌레 58

점박이이마애꼽추잎벌레 59

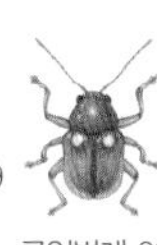

콩잎벌레 60

고구마잎벌레 61

주홍꼽추잎벌레 62

흰활무늬잎벌레 63

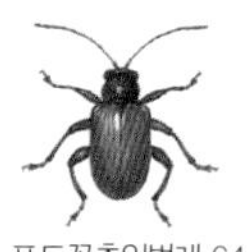
포도꼽추잎벌레 64

사과나무잎벌레 65

중국청람색잎벌레 66

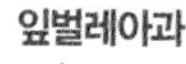

잎벌레아과

쑥잎벌레 67

박하잎벌레 68

청줄보라잎벌레 69

좁은가슴잎벌레 70

좀남색잎벌레 71

호두나무잎벌레 72

버들꼬마잎벌레 73

사시나무잎벌레 74

버들잎벌레 75

참금록색잎벌레 76

남색잎벌레 77

십이점박이잎벌레 78

수염잎벌레 79

홍테잎벌레 80

긴더듬이잎벌레아과

열점박이별잎벌레 81

파잎벌레 82

질경이잎벌레 83

딸기잎벌레 84

일본잎벌레 85

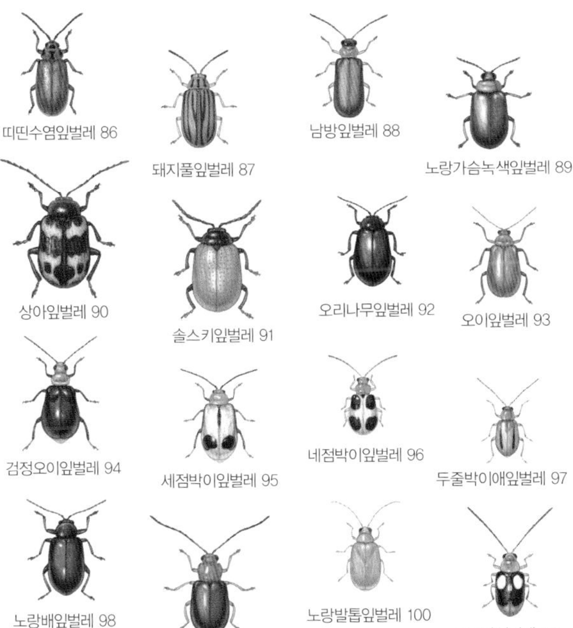

띠띤수염잎벌레 86

돼지풀잎벌레 87

남방잎벌레 88

노랑가슴녹색잎벌레 89

상아잎벌레 90

솔스키잎벌레 91

오리나무잎벌레 92

오이잎벌레 93

검정오이잎벌레 94

세점박이잎벌레 95

네점박이잎벌레 96

두줄박이애잎벌레 97

노랑배잎벌레 98

노랑가슴청색잎벌레 99

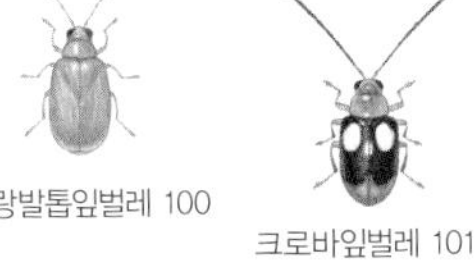

노랑발톱잎벌레 100

크로바잎벌레 101

어리발톱잎벌레 102

뽕나무잎벌레 103

푸른배줄잎벌레 104

벼룩잎벌레아과

왕벼룩잎벌레 105

벼룩잎벌레 106

발리잎벌레 107

바늘꽃벼룩잎벌레 108

황갈색잎벌레 109

알통다리잎벌레 110

보라색잎벌레 111

단색둥글잎벌레 112

점날개잎벌레 113

가시잎벌레아과

노랑테가시잎벌레 114

안장노랑테가시잎벌레 115

큰노랑테가시잎벌레 116

사각노랑테가시잎벌레 1

남생이잎벌레아과

모시금자라남생이잎벌레 118

남생이잎벌레붙이 119

적갈색남생이잎벌레 120

남생이잎벌레 121

노랑가슴남생이잎벌레 122

애남생이잎벌레 123

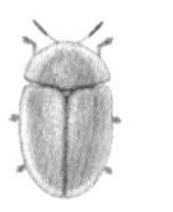
청남생이잎벌레 124

엑스자남생이잎벌레 125

곱추남생이잎벌레 126

큰남생이잎벌레 127

루이스큰남생이잎벌레 128

콩바구미과

콩바구미아과

알락콩바구미 129

팥바구미 130

주둥이거위벌레과

주둥이거위벌레아과

포도거위벌레 131

뿔거위벌레 132

황철거위벌레 133

댕댕이덩굴털거위벌레 134

어리복숭아거위벌레 135

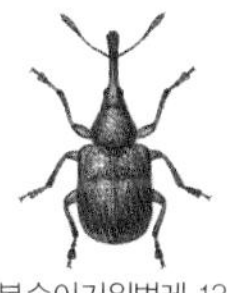
복숭아거위벌레 136

도토리거위벌레 137

거위벌레과

목거위벌레아과

거위벌레 138

북방거위벌레 139

분홍거위벌레 140

어깨넓은거위벌레 141

느릅나무혹거위벌레 142

등빨간거위벌레 143

노랑배거위벌레 144

사과거위벌레 145

왕거위벌레 146

거위벌레아과

싸리남색거위벌레 147

창주둥이바구미과

창주둥이바구미아과

목창주둥이바구미 148

왕바구미과

흰줄왕바구미아과

왕바구미아과

참왕바구미아과

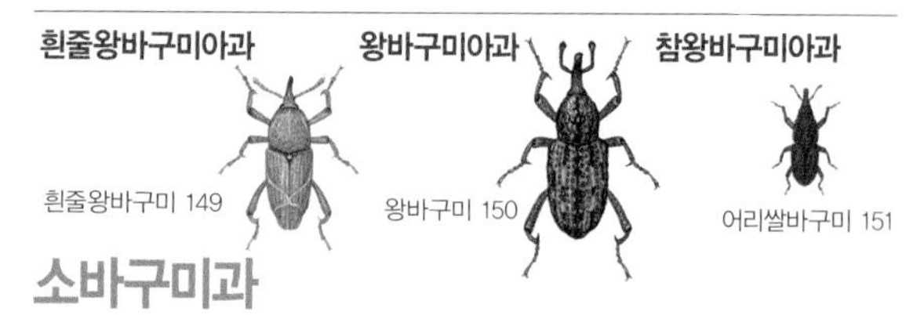

흰줄왕바구미 149

왕바구미 150

어리쌀바구미 151

소바구미과

소바구미아과

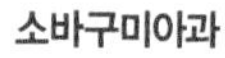

북방길쭉소바구미 152

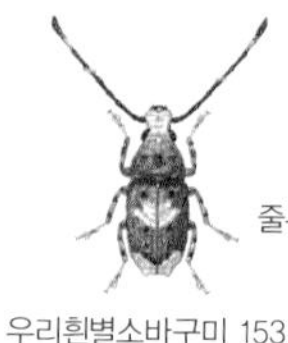

우리흰별소바구미 153

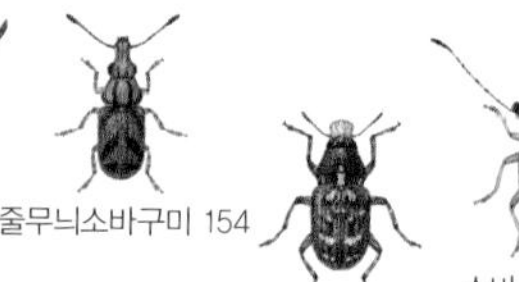

줄무늬소바구미 154

회떡소바구미 155

소바구미 156

벼바구미과

벼바구미아과

벼물바구미 157

바구미과

밤바구미아과

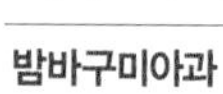

닮은밤바구미 158

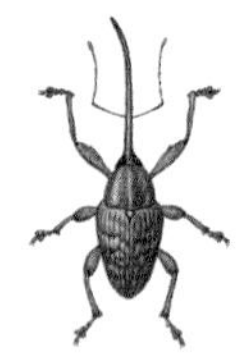

도토리밤바구미 159

개암밤바구미 160

검정밤바구미 161

알락밤바구미 162

밤바구미 163 흰띠밤바구미 164 어리밤바구미 165 딸기꽃바구미 166 배꽃바구미 167

붉은버들벼바구미 168 느티나무벼룩바구미 169

애바구미아과

쑥애바구미 170 흰점박이꽃바구미 171

좁쌀바구미아과

환삼덩굴좁쌀바구미 172

거미바구미아과

금수바구미 173 거미바구미 174

버들바구미아과

버들바구미 175 극동버들바구미 176 솔흰점박이바구미 177 큰점박이바구미 178 흰가슴바구미 179

참바구미아과

등나무고목바구미 180 솔곰보바구미 181 사과곰보바구미 182 옻나무바구미 183

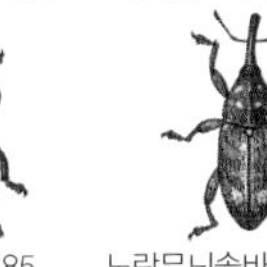

옻나무통바구미 184 배자바구미 185 노랑무늬솔바구미 186 오뚜기바구미 187

흙바구미아과

채소바구미 188

줄주둥이바구미아과

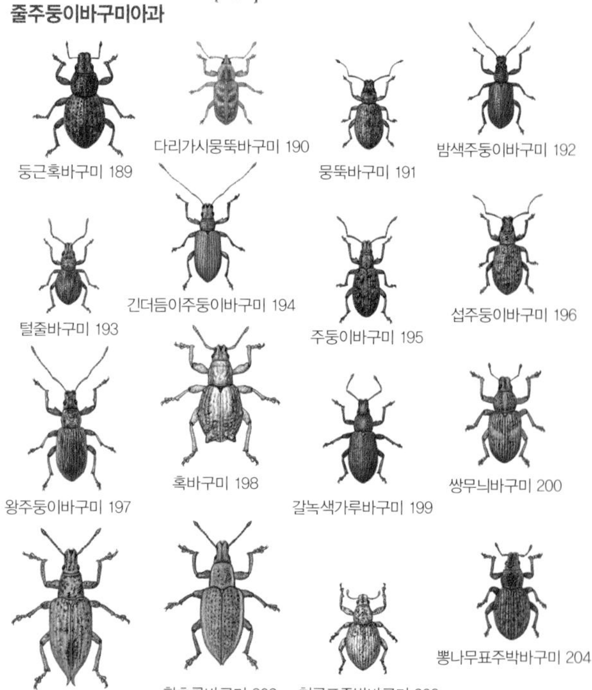

둥근혹바구미 189

다리가시뭉뚝바구미 190

뭉뚝바구미 191

밤색주둥이바구미 192

털줄바구미 193

긴더듬이주둥이바구미 194

주둥이바구미 195

섭주둥이바구미 196

왕주둥이바구미 197

혹바구미 198

갈녹색가루바구미 199

쌍무늬바구미 200

홍다리청바구미 201

황초록바구미 202

천궁표주박바구미 203

뽕나무표주박바구미 204

밀감바구미 205

털보바구미 206

땅딸보가시털바구미 207

가시털바구미 208

뚱보바구미아과

알팔파바구미 209

길쭉바구미아과

우엉바구미 210

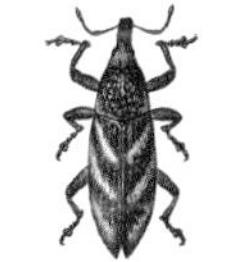
흰띠길쭉바구미 211

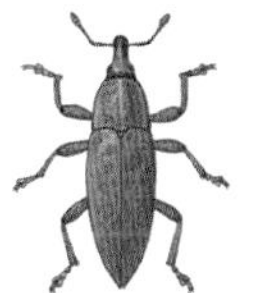
가시길쭉바구미 212

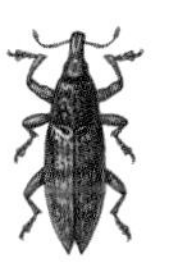
길쭉바구미 213

점박이길쭉바구미 214

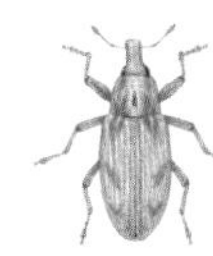
대륙흰줄바구미 215

통바구미아과

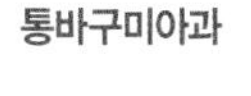

민가슴바구미 216

볼록민가슴바구미 217

긴나무좀아과

광릉긴나무좀 218

나무좀아과

왕소나무좀 219

암브로시아나무좀 220

팥배나무좀 221

왕녹나무좀 222

소나무좀아과

소나무좀 223

우리 땅에 사는 딱정벌레

잎벌레과
콩바구미과
주둥이거위벌레과
거위벌레과
창주둥이바구미과
왕바구미과
소바구미과
벼바구미과
바구미과

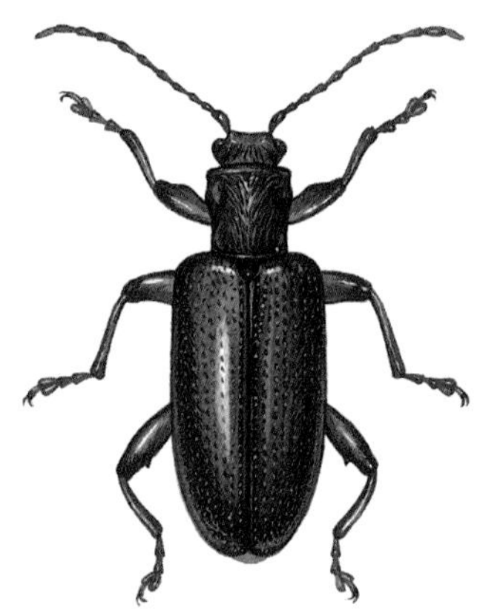

뿌리잎벌레아과
몸길이 7～8mm
나오는 때 5～6월
겨울나기 모름

원산잎벌레 *Donacia flemola*

원산잎벌레는 몸이 까맣다. 앞가슴등판에는 홈이 잔뜩 파여 있다. 뿌리잎벌레아과 무리는 우리나라에 8종이 알려졌다. 이 무리는 어른벌레와 애벌레가 물에서 자라는 식물을 갉아 먹는다. 뿌리잎벌레아과 무리는 다른 잎벌레 무리와 달리 첫 번째 배마디 길이가 나머지 배마디 길이를 합한 길이보다 길거나 같다.

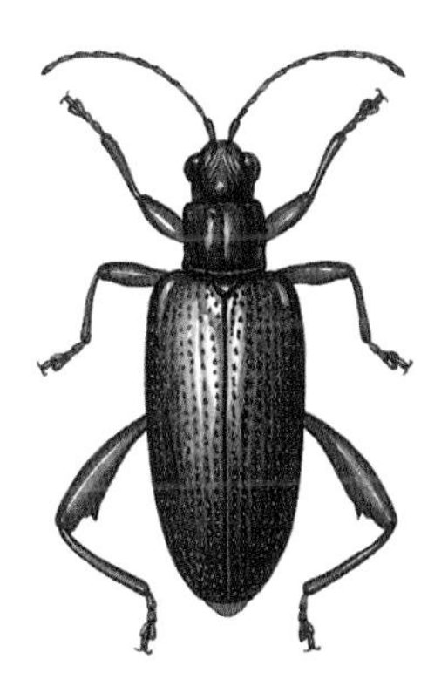

뿌리잎벌레아과
몸길이 6～8mm
나오는 때 5～11월
겨울나기 모름

렌지잎벌레 *Donacia lenzi*

렌지잎벌레는 몸빛이 여러 가지다. 풀빛이 도는 구릿빛이거나 까맣다. 더듬이는 붉은 밤색인데 마디 아래쪽이 까맣다. 더듬이 세 번째 마디가 두 번째 마디 길이와 같다. 어른벌레는 5~7월에 많이 볼 수 있다. 저수지나 늪에서 자라는 순채나 수련 잎을 갉아 먹는다. 물에 잠긴 잎은 안 먹고 떠 있는 잎을 먹는다. 애벌레도 어른벌레처럼 물 위에 뜬 잎을 갉아 먹는다.

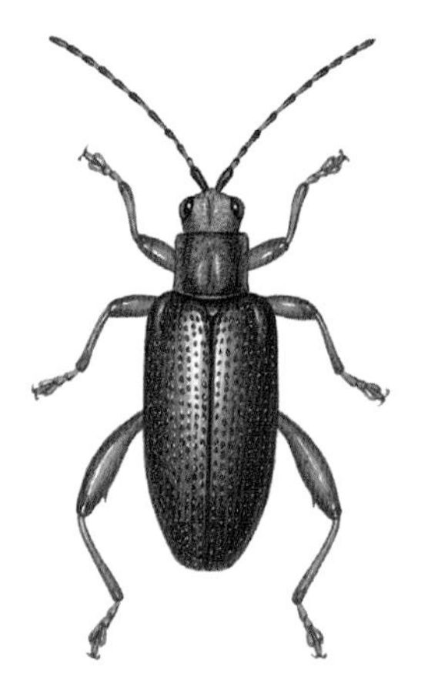

뿌리잎벌레아과
몸길이 6mm 안팎
나오는 때 6～11월
겨울나기 애벌레

벼뿌리잎벌레 *Donacia provostii*

벼뿌리잎벌레는 몸이 풀빛이나 푸르스름한 빛이 도는 구릿빛이다. 배 쪽에는 하얀 털이 잔뜩 나 있다. 더듬이는 붉은 밤색이다. 더듬이 세 번째 마디가 두 번째 마디 길이보다 짧다. 어른벌레는 6월 말부터 보인다. 7~8월에 짝짓기를 마친 암컷이 가래, 마름 같이 저수지나 늪에 자라는 물풀 잎 뒷면에 알을 낳는다. 알에서 나온 애벌레는 식물 뿌리를 갉아 먹는다. 애벌레로 겨울을 나고 이듬해 6월쯤에 번데기가 된다.

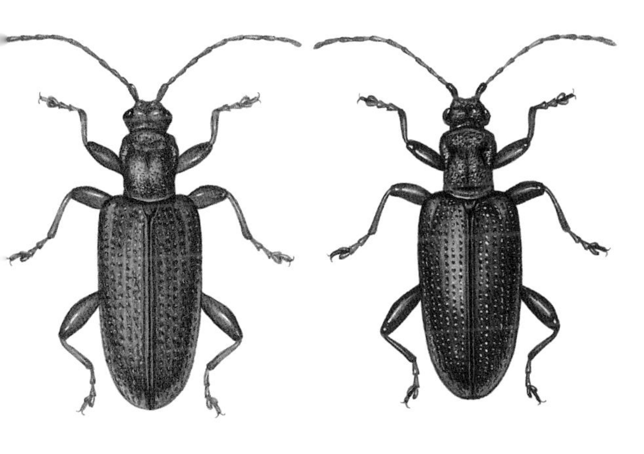

뿌리잎벌레아과
몸길이 7～11mm
나오는 때 5～9월
겨울나기 번데기

넓적뿌리잎벌레 *Plateumaris sericea sibirica*

넓적뿌리잎벌레는 온몸이 검은 밤색이거나 붉은빛, 푸른빛을 띠고 쇠붙이처럼 반짝거린다. 보는 각도에 따라 청동빛, 구릿빛이 돈다. 앞가슴등판에는 주름이 자글자글하다. 허벅지마디가 툭 불거졌다. 낮은 산이나 들판에 있는 늪이나 저수지에서 산다. 사초과 식물인 바랭이, 왕바랭이, 강아지풀 따위를 갉아 먹는다. 짝짓기를 마친 암컷은 사초과 식물 잎에 5월 말쯤에 알을 낳는다. 날씨가 추워지면 번데기로 겨울을 난다.

혹가슴잎벌레아과
몸길이 4mm 안팎
나오는 때 4~8월
겨울나기 번데기

혹가슴잎벌레 *Zeugophora annulata*

혹가슴잎벌레는 몸이 밤색을 띠는데 딱지날개에는 까만 테두리를 두른 하얀 점무늬가 있다. 하지만 저마다 딱지날개 색깔이 여러 가지다. 어른벌레는 여름부터 가을까지 보인다. 참빗살나무나 화살나무 잎을 갉아 먹는다. 날씨가 추워지면 어른벌레로 겨울을 난다. 이듬해 4월에 짝짓기를 하고 알을 낳는다. 알에서 나온 애벌레는 땅속에 들어가 번데기가 된다. 혹가슴잎벌레 무리는 앞가슴등판 옆이 혹처럼 튀어나왔다. 애벌레는 얇은 나뭇잎에 굴을 파고 들어가 산다.

혹가슴잎벌레아과
몸길이 5mm 안팎
나오는 때 6~9월
겨울나기 모름

쌍무늬혹가슴잎벌레 *Zeugophora bicolor*

쌍무늬혹가슴잎벌레는 혹가슴잎벌레와 생김새가 닮았지만, 몸이 조금 더 크다. 이름과 달리 몸에 쌍무늬는 없다. 머리와 더듬이, 다리는 까맣고 앞가슴등판 가운데쯤부터 딱지날개까지 붉은 밤색이다. 앞가슴등판이 혹처럼 볼록하다. 산속 풀밭에서 보인다. 낮에 나와 참빗살나무, 화살나무 같은 나뭇잎을 갉아 먹는다.

수중다리잎벌레아과
몸길이 7~10mm
나오는 때 4~7월
겨울나기 애벌레

수중다리잎벌레 *Poecilomorpha cyanipennis*

수중다리잎벌레는 딱지날개가 푸른 남색이고, 반짝거린다. 뒷다리 허벅지마디가 넓적하고 커다란 돌기가 있다. 머리와 앞가슴등판은 붉은 밤색이고 까만 무늬가 있다. 들판 풀밭에서 산다. 어른벌레는 고삼 줄기를 갉아 자른 뒤 나오는 물을 핥아 먹는다. 애벌레로 겨울을 난다고 알려졌다.

수중다리잎벌레아과
몸길이 7~9mm
나오는 때 4~6월
겨울나기 모름

남경잎벌레 *Temnaspis nankinea*

남경잎벌레는 더듬이, 머리, 앞가슴등판은 검은 푸른색이다. 딱지날개는 누런 밤색이다. 앞가슴등판 앞쪽이 혹처럼 튀어나왔다. 뒷다리 허벅지마다 안쪽에 돌기가 세 개 있다. 종아리마디는 안쪽으로 크게 휘었다. 숲 가장자리나 산골짜기 풀밭에서 산다. 어른벌레는 물푸레나무 잎이나 싹을 갉아 먹는다.

긴가슴잎벌레아과
몸길이 6~7mm
나오는 때 4~5월
겨울나기 어른벌레

아스파라가스잎벌레 *Crioceris quatuordecimpunctata*

아스파라가스잎벌레는 빨간 앞가슴등판에 까만 점이 5개 있다. 딱지날개도 붉은 밤색인데 까맣고 큰 무늬가 5쌍, 작은 무늬가 2쌍 있다. 이름처럼 백합과 아스파라거스속 식물 잎을 갉아 먹는다. 산에서 볼 수 있다. 어른벌레로 겨울을 나고, 5월 초와 중순쯤에 아스파라거스 잎에 알을 낳는다. 애벌레도 아스파라거스 잎을 갉아 먹다가, 땅속에 들어가 하얀 고치를 만들고 번데기가 된다.

긴가슴잎벌레아과
몸길이 7～9mm
나오는 때 4～5월
겨울나기 모름

곰보날개긴가슴잎벌레 *Lilioceris gibba*

곰보날개긴가슴잎벌레는 이름처럼 딱지날개에 곰보처럼 움푹 파인 홈이 아주 많다. 온몸은 빨갛다. 어른벌레는 백합과 식물 잎을 갉아 먹는다.

긴가슴잎벌레아과
몸길이 7～9mm
나오는 때 5～6월
겨울나기 번데기

백합긴가슴잎벌레 *Lilioceris merdigera*

백합긴가슴잎벌레는 온몸이 빨갛고, 번쩍거린다. 더듬이, 겹눈, 다리 마디, 다리 끝은 까맣다. 딱지날개에 자잘한 홈이 이리저리 나 있다. 앞가슴등판은 원통처럼 길고 가운데에 세로로 파인 줄이 나 있다. 들판이나 낮은 산 풀밭에서 산다. 어른벌레와 애벌레 모두 백합 같은 나리과 식물 잎을 갉아 먹는다. 어른벌레는 위험할 때는 앞날개와 배를 비벼 소리를 낸다. 애벌레는 자기가 싼 똥을 등에 짊어지고 다니며 몸을 숨긴다.

긴가슴잎벌레아과
몸길이 8mm 안팎
나오는 때 6~8월
겨울나기 어른벌레

고려긴가슴잎벌레 *Lilioceris sieversi*

고려긴가슴잎벌레는 앞가슴등판이 빨갛고, 딱지날개는 검은 남색을 띠며 반짝거린다. 온 나라 들판과 낮은 산에서 산다. 어른벌레는 벼과 식물 잎을 갉아 먹는다. 애벌레는 등에 자기가 싼 똥을 짊어지고 다닌다. 날씨가 추워지면 나무껍질 밑에서 어른벌레로 겨울잠을 잔다.

긴가슴잎벌레아과
몸길이 5～6mm
나오는 때 4～9월
겨울나기 어른벌레

점박이큰벼잎벌레 *Lema adamsii*

점박이큰벼잎벌레는 온몸이 붉은 밤색이며 반짝거린다. 앞가슴등판과 딱지날개에 까만 무늬가 두 쌍씩 나 있다. 낮은 산이나 들판에서 보인다. 어른벌레로 겨울을 나고, 4월에 겨울잠에서 깨 나온다. 여기저기를 잘 날아다니며 참마 잎을 잘 갉아 먹는다. 5월에 짝짓기를 하고 빨간 알을 잎 위에 낳는다. 다 자란 애벌레는 땅속에 들어가 하얀 고치를 만들고 그 속에서 번데기가 된다. 알에서 어른벌레가 되는데 한 달쯤 걸린다. 한 해에 한 번 날개돋이 한다.

긴가슴잎벌레아과
몸길이 8mm 안팎
나오는 때 5~9월
겨울나기 어른벌레

주홍배큰벼잎벌레 *Lema fortunei*

주홍배큰벼잎벌레는 이름처럼 배가 빨갛다. 머리와 앞가슴등판도 빨갛다. 딱지날개는 파랗고 양쪽에 18개 줄이 나 있다. 산속 풀밭에서 산다. 어른벌레는 봄부터 가을까지 보이는데 6월에 가장 많다. 어른벌레와 애벌레 모두 참마 잎을 갉아 먹는다. 짝짓기를 마친 암컷은 참마 줄기에 알을 여러 개 낳아 붙인다. 애벌레는 무리를 지어 참마 잎을 갉아 먹는다. 또 자기가 싼 똥을 짊어지고 다니면서 몸을 숨긴다. 한 해에 두 번 날개돋이 한다.

긴가슴잎벌레아과
몸길이 5～6mm
나오는 때 4～10월
겨울나기 어른벌레

붉은가슴잎벌레 *Lema honorata*

붉은가슴잎벌레는 이름처럼 머리와 앞가슴등판이 빨갛다. 딱지날개는 짙은 파란색이고 반짝거린다. 세로로 홈이 파인 줄이 있다. 낮은 산 풀밭에서 보인다. 박주가리나 참마 같은 마과 식물 잎을 갉아 먹는다. 암컷은 5월에 노란 알을 낳는다. 알에서 나온 애벌레는 잎을 갉아 먹다가 7월 말쯤에 번데기가 된다. 8~9월에 어른벌레로 날개돋이 한다. 날씨가 추워지면 어른벌레로 겨울을 난다. 한 해에 한 번 날개돋이 한다.

긴가슴잎벌레아과
몸길이 5mm 안팎
나오는 때 4～9월
겨울나기 어른벌레

배노랑긴가슴잎벌레 *Lema concinnipennis*

배노랑긴가슴잎벌레는 이름처럼 배 세 번째 마디까지 노랗다. 온몸은 짙은 남빛으로 반짝거린다. 온 나라 산에서 봄부터 9월까지 보인다. 어른벌레와 애벌레는 닭의장풀 잎을 갉아 먹는다. 짝짓기 때 수컷이 더듬이와 앞다리로 암컷 머리를 비비며 구애를 한다. 암컷은 5~7월에 잎 뒤에 알을 덩어리로 낳는다. 애벌레는 무리를 지어 잎을 갉아 먹는다. 위험을 느끼면 윗몸을 일으켜서 흔들며 천적에게 위협을 한다. 또 자기가 싼 똥을 등에 짊어지고 다닌다.

긴가슴잎벌레아과
몸길이 4mm 안팎
나오는 때 4～6월
겨울나기 어른벌레

홍줄큰벼잎벌레 *Lema delicatula*

홍줄큰벼잎벌레는 딱지날개가 짙은 파란색인데, 그 가운데에 빨간 줄무늬가 가로로 넓게 나 있다. 앞가슴등판과 다리는 빨갛다. 머리는 까만데 이마는 붉은 밤색이다. 어른벌레로 겨울을 나고 4~5월부터 산이나 들판에서 보이기 시작한다. 어른벌레는 닭의장풀 잎을 갉아 먹는다. 짝짓기를 마친 암컷은 5~6월에 알을 낳는다. 일주일쯤 지나면 알에서 애벌레가 나온다. 애벌레는 닭의장풀 줄기 속을 파먹는다. 한 해에 한 번 날개돋이 한다.

긴가슴잎벌레아과
몸길이 6mm 안팎
나오는 때 4~8월
겨울나기 어른벌레

적갈색긴가슴잎벌레 *Lema diversa*

적갈색긴가슴잎벌레는 이름처럼 몸빛이 붉은 밤색을 띠며 반짝인다. 때로는 딱지날개가 파랗고 끄트머리만 붉은 밤색을 띠기도 하고, 딱지날개가 붉은 밤색인데 가운데에 파란 세로줄이 있기도 하다. 배노랑긴가슴잎벌레와 몸빛만 다를 뿐 생김새가 아주 닮았다. 온 나라 들판과 낮은 산 풀밭에서 보인다. 어른벌레와 애벌레는 닭의장풀 잎을 갉아 먹는다. 한 해에 두세 번 날개돋이 한다.

긴가슴잎벌레아과
몸길이 5mm 안팎
나오는 때 6~7월
겨울나기 어른벌레

등빨간남색잎벌레 *Lema scutellaris*

등빨간남색잎벌레는 적갈색긴가슴잎벌레와 닮았다. 딱지날개는 파란데 붉은 밤색 무늬가 있다. 허벅지마디는 붉은 밤색인데, 끝은 까맣다. 산이나 풀밭에서 보인다. 어른벌레는 닭의장풀 잎을 갉아 먹는다. 짝짓기를 마친 암컷은 닭의장풀 잎에 알을 하나씩 낳아 붙인다. 알에서 나온 애벌레는 똥을 등에 얹고 산다. 한 해에 한 번 날개돋이 한다.

긴가슴잎벌레아과
몸길이 4mm 안팎
나오는 때 5～9월
겨울나기 어른벌레

벼잎벌레 *Oulema oryzae*

벼잎벌레는 앞가슴등판이 빨갛고, 딱지날개는 짙은 파란색으로 반짝거린다. 이름처럼 벼 잎을 갉아 먹는다. 벼 잎 끝에서 아래쪽으로 갉아 먹는다. 어른벌레로 겨울을 난 뒤 5~6월에 논에 날아온다. 짝짓기를 마친 암컷은 5~6월에 벼 잎에 알을 3~12개쯤 덩어리로 낳는다. 알에서 나온 애벌레는 등에 똥을 짊어지고 다니며 벼 잎을 갉아 먹는다. 7월부터 어른벌레가 나온다. 어른벌레는 벼 잎을 갉아 먹다가 9월 말부터 논 둘레 땅속으로 들어가 겨울을 난다.

큰가슴잎벌레아과
몸길이 6~9mm 안팎
나오는 때 7월
겨울나기 모름

중국잎벌레 *Labidostomis chinensis*

중국잎벌레는 딱지날개가 노랗다. 머리와 다리, 앞가슴등판은 까맣고, 앞가슴등판에는 자잘한 털이 나 있다. 어른벌레는 7월에 아주 드물게 보인다.

큰가슴잎벌레아과
몸길이 7mm 안팎
나오는 때 4～5월
겨울나기 모름

동양잎벌레 *Labidostomis amurensis amurensis*

동양잎벌레는 몸이 까만데, 앞쪽은 풀빛을 띤다. 딱지날개는 누런 밤색이거나 붉은 밤색이다. 어깨에 작고 까만 무늬가 있기도 하다. 가는 기린초 잎을 갉아 먹는다고 한다.

큰가슴잎벌레아과
몸길이 8~11mm
나오는 때 6~10월
겨울나기 모름

넉점박이큰가슴잎벌레 *Clytra arida*

넉점박이큰가슴잎벌레는 이름처럼 딱지날개에 까만 점이 네 개 있다. 온 나라 낮은 산이나 들판에서 볼 수 있다. 어른벌레는 6월에 가장 많이 보인다. 낮에 나와 돌아다니면서 자작나무나 버드나무, 오리나무, 박달나무, 싸리나무, 참나무 잎을 갉아 먹는다. 짝짓기를 마친 암컷이 알을 땅에 떨어뜨려 낳으면, 알에서 나온 애벌레가 개미집에 들어가 산다고 한다.

큰가슴잎벌레아과
몸길이 3mm 안팎
나오는 때 4~7월
겨울나기 모름

만주잎벌레 *Smaragdina mandzhura*

만주잎벌레는 딱지날개와 앞가슴등판이 풀빛으로 쇠붙이처럼 반짝거린다. 앞가슴등판에는 작은 홈이 잔뜩 파였다.

큰가슴잎벌레아과
몸길이 5~6mm
나오는 때 4~6월
겨울나기 모름

반금색잎벌레 *Smaragdina semiaurantiaca*

반금색잎벌레는 머리와 딱지날개가 짙은 풀빛 파란색으로 반짝거린다. 앞가슴등판과 다리는 누렇다. 낮은 산이나 들판에서 볼 수 있다. 어른벌레는 버드나무 잎, 참소리쟁이 꽃, 덩굴볼레나무 잎을 갉아 먹는다.

큰가슴잎벌레아과
몸길이 5mm 안팎
나오는 때 6~8월
겨울나기 모름

민가슴잎벌레 *Coptocephala orientalis*

민가슴잎벌레는 딱지날개 앞쪽 가장자리와 뒤쪽에 커다란 까만 무늬가 한 쌍 있다. 앞다리는 가운뎃다리와 뒷다리보다 더 길고 가늘다. 넉점박이큰가슴잎벌레와 생김새가 아주 닮았다. 하지만 몸이 더 작다. 머리는 아주 넓다. 여름에 물가에 자라는 사철쑥 잎을 갉아 먹는다.

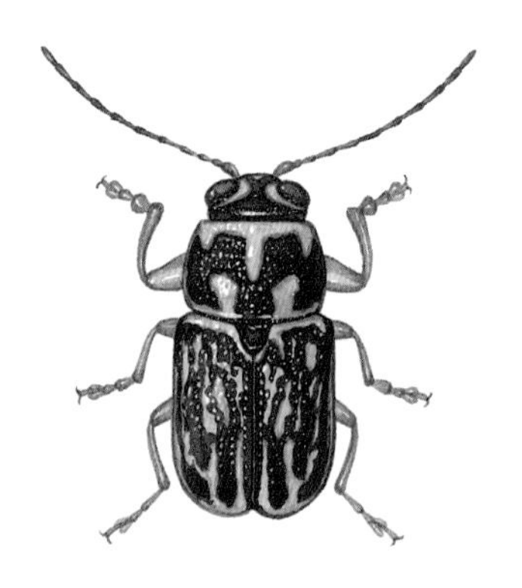

통잎벌레아과
몸길이 모름
나오는 때 8월쯤
겨울나기 모름

삼각산잎벌레 *Pachybrachis scriptidorsum*

삼각산잎벌레는 까만 몸에 노란 무늬가 잔뜩 나 있다. 삼각산잎벌레는 통잎벌레아과에 속한다. 우리나라에는 통잎벌레아과 무리가 37종쯤 알려졌다. 몸이 작지만 몸빛과 무늬가 다양하다. 통잎벌레아과 무리는 다른 잎벌레처럼 여러 가지 잎을 갉아 먹는다. 애벌레는 자기 몸을 숨길 수 있는 U자처럼 생긴 주머니 집을 지고 다닌다. 애벌레는 주머니 속에서 몸을 V자로 구부리고 산다. 위험할 때는 애벌레 머리로 주머니 입구를 딱 막아 버린다.

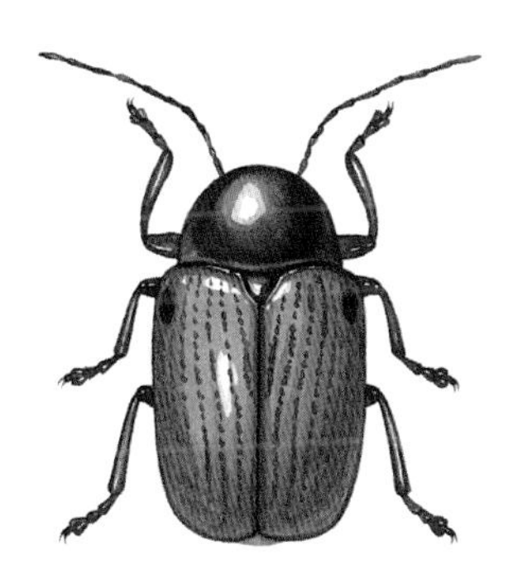

통잎벌레아과
몸길이 4～6mm
나오는 때 6～7월
겨울나기 모름

어깨두점박이잎벌레 *Cryptocephalus bipunctatus cautus*

어깨두점박이잎벌레는 딱지날개가 누렇고, 딱시날개 앞쪽 가장자리와 어깨에 까만 무늬가 있다. 어깨에 까만 무늬가 없기도 하다. 또 딱지날개가 맞붙는 곳에는 까만 줄이 나 있다. 앞가슴등판은 까맣다.

통잎벌레아과
몸길이 4mm 안팎
나오는 때 5~8월
겨울나기 모름

소요산잎벌레 *Cryptocephalus hyacinthinus*

소요산잎벌레는 몸이 풀빛으로 반짝인다. 다리는 밤색인데 가끔 가운뎃다리와 뒷다리가 풀빛을 띠기도 한다. 어른벌레는 밤나무나 상수리나무, 졸참나무 잎을 갉아 먹는다.

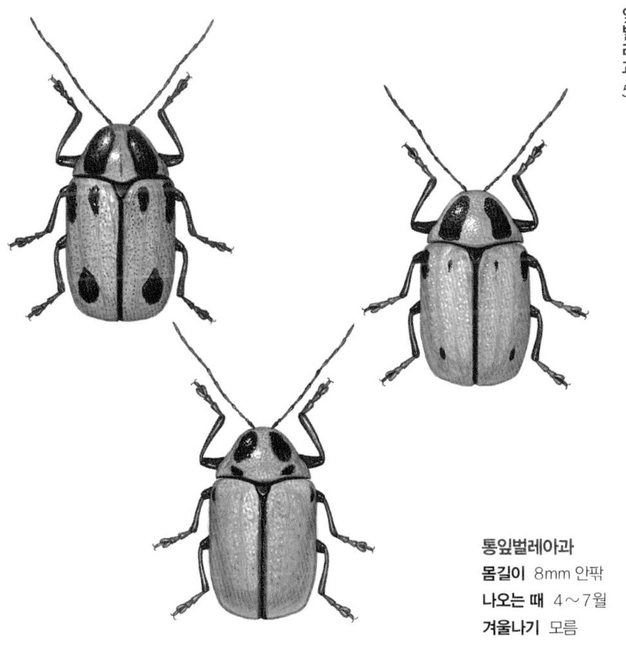

통잎벌레아과
몸길이 8mm 안팎
나오는 때 4~7월
겨울나기 모름

팔점박이잎벌레 *Cryptocephalus peliopterus peliopterus*

팔점박이잎벌레는 이름과 달리 딱지날개에 점이 8개 있는 종은 거의 안 보이고, 거의 딱지날개 어깨 양쪽에만 까만 점이 한 쌍 있다. 앞가슴등판에 굵고 까만 세로줄이 두 개 있다. 온 나라 낮은 산이나 들판에서 보이는데, 6월에 가장 많다. 떡갈나무나 버드나무, 사시나무, 벚나무, 오리나무 잎을 갉아 먹는다. 짝짓기를 마친 암컷은 알을 땅에 떨어뜨려 낳는다. 알에서 나온 애벌레는 참나무나 호장근 잎을 갉아 먹는다고 한다.

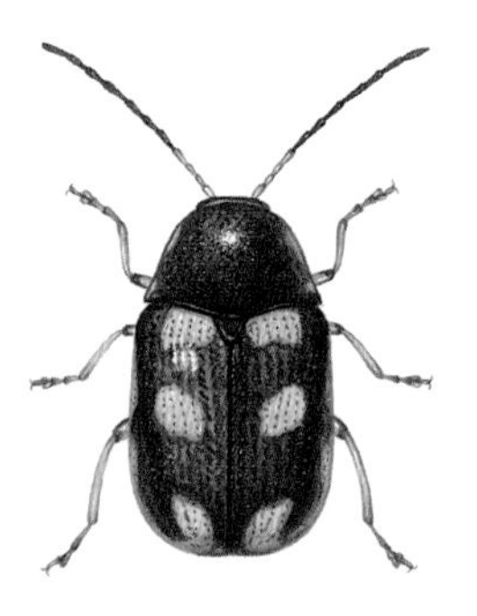

통잎벌레아과
몸길이 4~5mm
나오는 때 5~7월
겨울나기 모름

콜체잎벌레 *Cryptocephalus koltzei koltzei*

콜체잎벌레는 딱지날개에 노란 점무늬가 세 쌍 있다. 딱지날개 가장자리, 앞가슴등판 앞쪽과 옆쪽 가장자리가 노랗다. 온 나라 들판 풀밭에서 볼 수 있다. 어른벌레는 쑥 같은 여러 가지 식물에서 보인다.

통잎벌레아과
몸길이 5~6mm
나오는 때 5~6월
겨울나기 모름

육점통잎벌레 *Cryptocephalus sexpunctatus sexpunctatus*

육점통잎벌레는 이름처럼 빨간 딱지날개에 까만 점무늬가 3쌍 6개 나 있다. 앞가슴등판은 까맣고 가운데와 앞과 옆 가장자리는 붉은 밤색이다. 산속 넓은잎나무 숲에서 산다. 어른벌레와 애벌레가 사시나무 잎을 갉아 먹는다고 한다.

반짝이잎벌레아과
몸길이 3mm 안팎
나오는 때 3~10월
겨울나기 애벌레

두릅나무잎벌레 *Oomorphoides cupreatus*

두릅나무잎벌레는 몸이 구릿빛이거나 파랗게 반짝거려 '반짝이잎벌레'라고도 한다. 몸은 달걀처럼 볼록하다. 이름처럼 두릅나무 잎을 갉아 먹는다. 산이나 마을 둘레에 자라는 두릅나무에서 제법 쉽게 볼 수 있다. 짝짓기를 마친 암컷은 4월 말부터 5월에 걸쳐 두릅나무 잎 뒷면에 알을 낳은 뒤 자기 똥으로 알을 덮어 숨긴다. 그리고 가느다란 실에 종처럼 매달아 놓는다. 알에서 나온 애벌레는 자기 똥으로 집을 만들어 그 속에 들어가 산다고 한다.

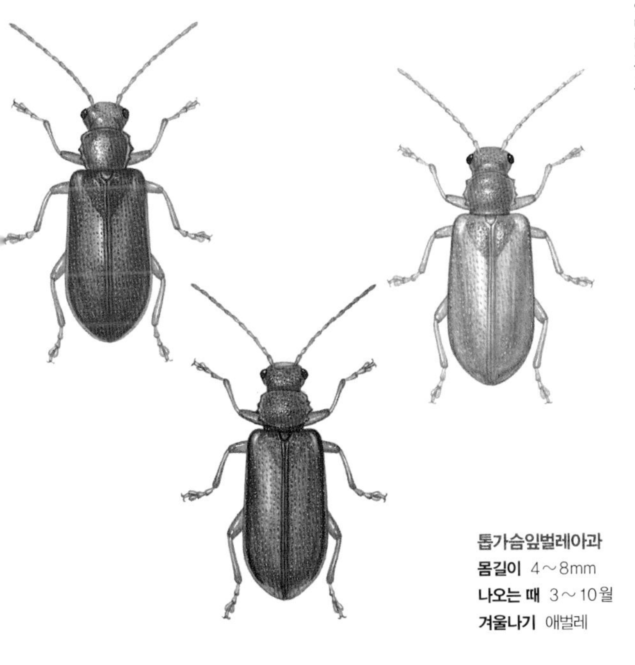

톱가슴잎벌레아과
몸길이 4～8mm
나오는 때 3～10월
겨울나기 애벌레

톱가슴잎벌레 *Syneta adamsi*

톱가슴잎벌레는 이름처럼 앞가슴등판 양쪽 가장자리에 톱날처럼 크고 작은 돌기가 있다. 온몸은 누런 밤색인데 저마다 조금씩 색깔이 다르다. 어른벌레는 산속 풀밭에서 보인다. 제법 높고 추운 곳에 적응한 잎벌레다. 어른벌레는 자작나무류 나뭇잎을 갉아 먹는다고 한다. 짝짓기를 마친 암컷은 땅에 알을 낳는다. 2~3주가 지나면 알에서 애벌레가 나온다. 애벌레는 땅속에 들어가 나무뿌리를 갉아 먹는다. 우리나라에는 톱가슴잎벌레아과에 1종만 산다.

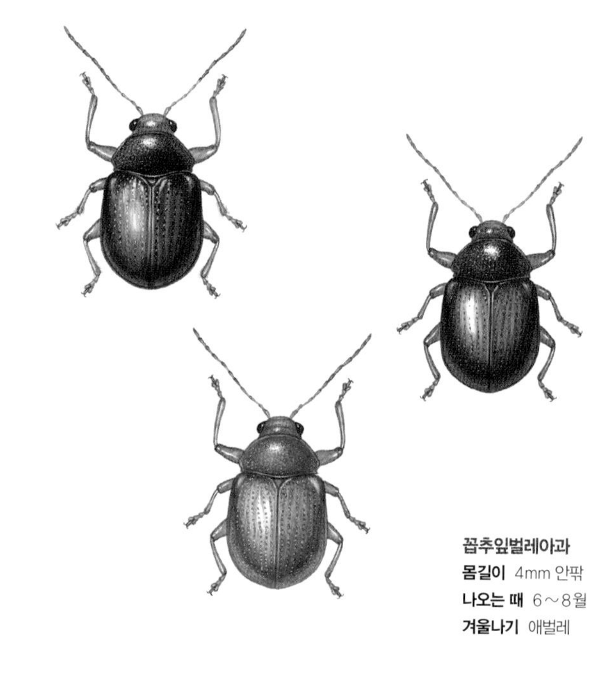

꼽추잎벌레아과
몸길이 4mm 안팎
나오는 때 6~8월
겨울나기 애벌레

금록색잎벌레 *Basilepta fulvipes*

금록색잎벌레는 딱지날개가 거무스름한 풀색이나 파란색, 밤색으로 여러 가지다. 앞가슴등판은 노란색이거나 파란색, 빨간색으로 여러 가지다. 앞가슴등판 양옆이 심하게 튀어나왔다. 온 나라 논밭이나 낮은 산, 숲 가장자리, 냇가 풀밭에서 어른벌레가 쑥이나 국화 같은 식물 잎을 갉아 먹는다. 8월에 짝짓기를 마친 암컷이 알을 낳는다. 두 주쯤 지나 알에서 애벌레가 나온다. 애벌레는 땅속에서 식물 뿌리를 갉아 먹는다. 애벌레로 겨울을 나는 것 같다.

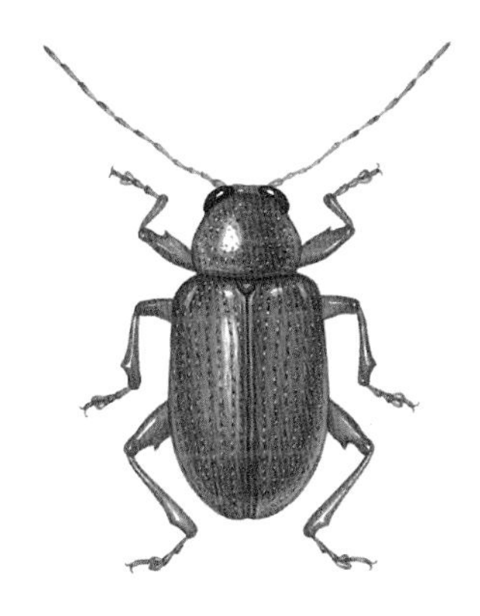

꼽추잎벌레아과
몸길이 4mm 안팎
나오는 때 7월쯤
겨울나기 모름

점박이이마애꼽추잎벌레 *Basilepta punctifrons*

점박이이마애꼽추잎벌레는 온몸이 노르스름한 밤색이다. 머리와 앞가슴등판, 딱지날개에는 작은 홈이 잔뜩 파여 있다. 모든 허벅지마디 아래쪽에는 가시처럼 뾰족한 돌기가 있다. 우리나라 남부 지방에만 사는 잎벌레다. 어른벌레는 7월쯤 보이는데 사초과 식물을 갉아 먹는다고 한다.

꼽추잎벌레아과
몸길이 2mm 안팎
나오는 때 6～8월
겨울나기 어른벌레

콩잎벌레 *Pagria signata*

콩잎벌레는 머리와 가슴이 붉은 밤색이거나 까맣다. 딱지날개는 밤색으로 반짝이고, 가운데에 까만 줄이 있다. 딱지날개가 온통 까맣기도 하다. 이름처럼 콩 잎을 잘 갉아 먹는다. 온 나라 들판에서 보인다. 짝짓기를 마친 암컷은 알을 10개쯤 낳은 뒤 끈적끈적한 물로 알을 반달처럼 덮는다. 알에서 나온 애벌레는 콩 줄기를 파먹는다. 다 자란 애벌레는 땅으로 내려가 땅속에서 번데기가 된다. 그리고 8~9월에 어른벌레로 날개돋이 한다.

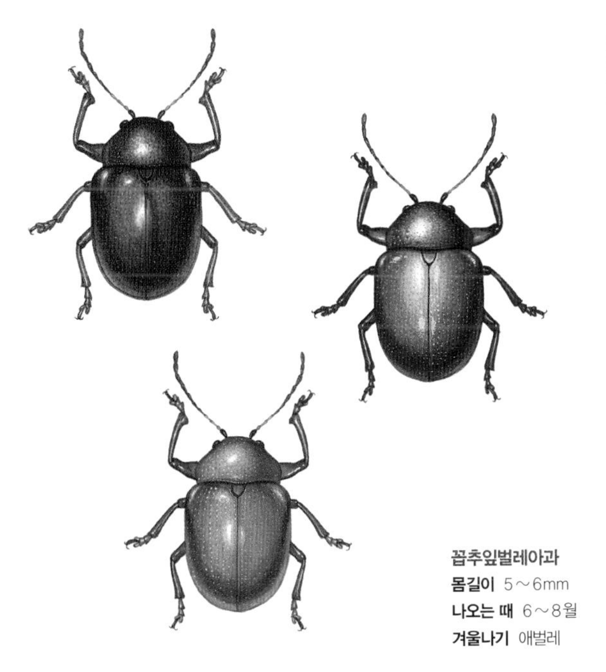

꼽추잎벌레아과
몸길이 5～6mm
나오는 때 6～8월
겨울나기 애벌레

고구마잎벌레 *Colasposoma dauricum Mannerheim*

고구마잎벌레는 몸이 뚱뚱하고 까맣게 반짝거린다. 때때로 딱지날개에 구릿빛이나 파란색, 파란 풀빛을 띤다. 딱지날개 가장자리에 테두리가 둘러져 있다. 들판이나 강가 풀밭에서 보인다. 어른벌레는 이름처럼 고구마 잎을 잘 갉아 먹고 메꽃 같은 다른 풀들도 갉아 먹는다. 암컷은 풀빛이 도는 알을 한 개씩 땅에 낳는다. 애벌레는 땅속으로 들어가 식물 뿌리를 갉아 먹는다. 이듬해 5~6월에 번데기가 되었다가 6~7월에 어른벌레로 날개돋이 해서 나온다.

꼽추잎벌레아과
몸길이 5~7mm
나오는 때 5~8월
겨울나기 모름

주홍꼽추잎벌레 *Acrothinium gaschkevitchii gaschkevitchii*

주홍꼽추잎벌레는 몸이 풀빛으로 번쩍거리고, 딱지날개 가운데는 불그스름한 구릿빛을 띤다. 들판이나 밭에서 보인다. 어른벌레와 애벌레가 포도나 머루, 박하 같은 식물 잎이나 뿌리를 갉아 먹는다.

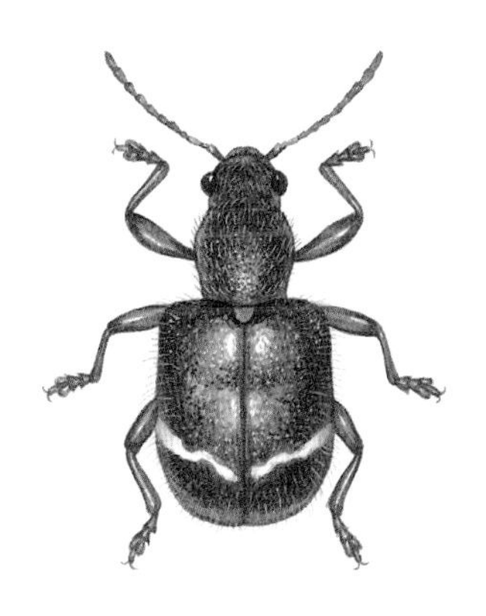

꼽추잎벌레아과
몸길이 6~8mm
나오는 때 5~8월
겨울나기 모름

흰활무늬잎벌레 *Trichochrysea japana*

흰활무늬잎벌레는 딱지날개 뒤쪽에 하얀 무늬가 활처럼 나 있다. 몸은 붉은빛을 띤 구릿빛이다. 온몸에는 하얀 털이 잔뜩 나 있다. 어른벌레는 산에서 볼 수 있다. 밤나무나 상수리나무 잎을 갉아 먹는다.

꼽추잎벌레아과
몸길이 5mm 안팎
나오는 때 5~8월
겨울나기 모름

포도꼽추잎벌레 *Bromius obscurus*

포도꼽추잎벌레는 몸은 까맣고, 딱지날개는 붉은 밤색이다. 딱지날개가 까맣기도 하다. 이름처럼 포도 잎을 갉아 먹는다. 암컷은 짝짓기를 하지 않고도 알을 낳는다.

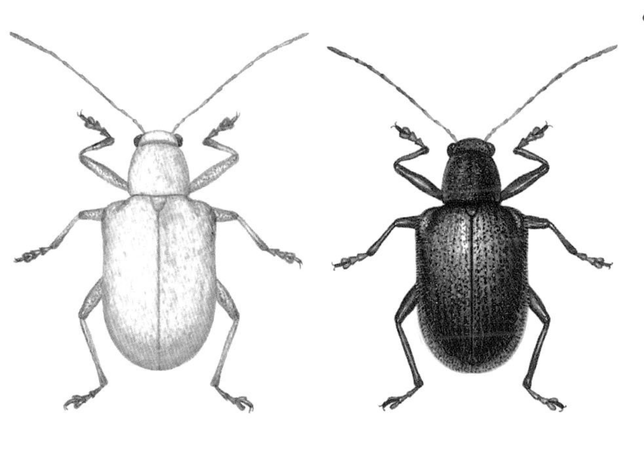

꼽추잎벌레아과
몸길이 6～7mm 안팎
나오는 때 5～7월
겨울나기 모름

사과나무잎벌레 *Lypesthes ater*

사과나무잎벌레는 몸이 까만데, 하얀 가루로 덮여 있다. 손으로 만지면 하얀 가루가 벗겨진다. 더듬이는 실처럼 가늘고, 앞가슴등판은 동그란 원통처럼 생겼다. 이름처럼 사과나무에서 볼 수 있다. 어른벌레는 사과나무뿐만 아니라 배나무, 호두나무, 매화나무 잎도 갉아 먹는다.

꼽추잎벌레아과
몸길이 11～23mm
나오는 때 5～9월
겨울나기 애벌레, 번데기

중국청람색잎벌레 *Chrysochus chinensis*

중국청람색잎벌레는 잎벌레 가운데 몸집이 제법 크다. 온몸이 푸르스름한 남색으로 번쩍거린다. 온 나라 산과 들에 자라는 박주가리에서 자주 보인다. 어른벌레는 6월에 가장 많이 보인다. 여러 마리가 무리 지어 박주가리 잎을 잘 갉아 먹는다. 고구마나 감자, 쑥 잎을 갉아 먹기도 한다. 애벌레로 겨울을 나고, 이듬해 봄에 번데기가 되어 5월쯤부터 어른벌레로 날개돋이 한다.

잎벌레아과
몸길이 7～10mm
나오는 때 4～11월
겨울나기 알, 어른벌레

쑥잎벌레 *Chrysolina aurichalcea*

쑥잎벌레는 몸빛이 붉은 구릿빛이나 거무스름한 푸른빛을 띠며 번쩍거린다. 딱지날개에 작은 홈이 파여 줄지어 나 있다. 암컷은 수컷보다 배가 훨씬 부풀어 뚱뚱하다. 온 나라 쑥이 자라는 어느 곳에서나 쉽게 볼 수 있다. 10월에 암컷이 쑥 뿌리 둘레에 알을 낳는다. 알로 겨울을 나고, 이듬해 봄에 애벌레가 나온다. 애벌레는 밤에 쑥 줄기를 타고 올라와 잎을 갉아 먹는다. 여름 들머리에 땅속에서 번데기가 된 뒤 어른벌레로 날개돋이 해서 흙을 뚫고 나온다.

잎벌레아과
몸길이 7~9mm
나오는 때 4~11월
겨울나기 알, 어른벌레

박하잎벌레 *Chrysolina exanthematica exanthematica*

박하잎벌레는 딱지날개가 구릿빛이 돌고 작고 까만 돌기가 혹처럼 돋아 세로로 줄지어 나 있다. 온 나라 들판이나 낮은 산 풀밭에서 볼 수 있다. 알이나 어른벌레로 겨울을 난다. 이듬해 봄에 알에서 나온 애벌레는 박하 잎을 갉아 먹고 큰다. 애벌레는 땅속에서 지내다가 배가 고프면 박하 줄기를 타고 올라와 잎을 갉아 먹는다. 다 자란 애벌레는 땅속으로 들어가 번데기가 된다. 여름 들머리에 어른벌레로 날개돋이 한다.

잎벌레아과
몸길이 11～15mm
나오는 때 6～9월
겨울나기 모름

청줄보라잎벌레 *Chrysolina virgata*

청줄보라잎벌레는 우리나라에 사는 잎벌레 가운데 몸이 가장 크다. 몸이 까맣지만 등 쪽은 푸른빛과 붉은빛 광택이 있다. 보는 각도에 따라 빛깔이 다르게 보인다. 위에서 내려다보면 붉은 구릿빛 줄이 두 줄 보인다. 등에는 큰 홈들이 많이 파여서 곰보처럼 보인다. 앞가슴과 딱지날개 양옆은 홈이 더 크다. 봄부터 가을까지 온 나라 논밭이나 냇가, 낮은 산 풀밭에서 보이는데 6월에 가장 많다. 물가에 피는 층층이꽃, 들깨, 쉽싸리 같은 꿀풀과에 딸린 풀 뿌리나 줄기를 갉아 먹는다.

잎벌레아과
몸길이 3~4mm
나오는 때 봄~가을
겨울나기 어른벌레

좁은가슴잎벌레 *Phaedon brassicae*

좁은가슴잎벌레는 온몸이 검은 푸른색이다. 온 나라 풀밭이나 밭 둘레에서 산다. 어른벌레와 애벌레 모두 미나리냉이나 냉이, 무, 배추 같은 십자화과 식물을 갉아 먹는다. 땅속에서 어른벌레로 겨울을 나고, 5월이 되면 나와 짝짓기를 한다. 짝짓기를 마친 암컷은 식물 줄기를 큰턱으로 물어뜯은 뒤 그 속에 알을 낳는다. 알에서 나온 애벌레는 잎을 씹어 먹고 큰다. 애벌레가 위험을 느끼면 살갗 돌기를 풍선처럼 부풀린 뒤 고약한 냄새를 풍긴다.

수컷

암컷

잎벌레아과
몸길이 5mm 안팎
나오는 때 3～6월
겨울나기 어른벌레

좀남색잎벌레 *Gastrophysa atrocyanea*

좀남색잎벌레는 몸이 거무스름한 파란색이다. 딱지날개에는 홈이 파여 세로줄이 나 있다. 온 나라 들판이나 논밭에서 산다. 소리쟁이가 자라는 곳이면 도시에서도 보인다. 소리쟁이나 참소리쟁이 같은 잎에 무리 지어 모여서 갉아 먹는다. 암컷은 수컷과 달리 배가 아주 뚱뚱하게 부풀어 올랐고 노랗다. 암컷은 잎 뒤에 알을 30~40개 덩어리로 낳는다. 애벌레는 소리쟁이 잎을 갉아 먹고 크다가 흙 속으로 들어가 번데기가 된다. 5~6월에 어른벌레로 날개돋이 한다.

잎벌레아과
몸길이 6~8mm
나오는 때 5~7월
겨울나기 어른벌레

호두나무잎벌레 *Gastrolina depressa*

호두나무잎벌레는 몸이 거무스름한 파란색으로 반짝거린다. 앞가슴등판 양쪽 가장자리는 살짝 누렇다. 암컷이 수컷보다 크다. 더듬이는 염주 알이 이어진 것처럼 생겼고 11마디다. 이름처럼 호두나무나 가래나무 잎을 갉아 먹는다. 짝짓기를 마친 암컷은 알을 잎 뒷면에 덩어리로 낳아 붙인다. 알에서 나온 애벌레는 흩어지지 않고 서로 모여 잎을 갉아 먹는다. 3령 애벌레가 되면 뿔뿔이 흩어진다. 보름 안에 다 자라 번데기가 되고 어른벌레로 날개돋이 한다.

잎벌레아과
몸길이 4mm 안팎
나오는 때 4～11월
겨울나기 어른벌레

버들꼬마잎벌레 *Plagiodera versicolora*

버들꼬마잎벌레는 온몸이 거무스름한 파란빛을 띠며 반짝거린다. 비드나무에서 볼 수 있다. 어른벌레나 애벌레나 버드나무 잎을 갉아 먹는다. 짝짓기를 마친 암컷은 버드나무 잎 뒤에 알을 10~30개 모아 낳는다. 알에서 나온 애벌레는 흩어지지 않고 모여 잎을 갉아 먹는다. 그러다 자라면 뿔뿔이 흩어진다. 허물을 2번 벗고 다 자란 애벌레는 꽁무니를 잎에 붙이고 거꾸로 매달려 번데기가 된다. 5월에 어른벌레로 날개돋이 한다. 가랑잎 더미 속에서 어른벌레로 겨울을 난다.

잎벌레아과
몸길이 11mm 안팎
나오는 때 4～8월
겨울나기 어른벌레

사시나무잎벌레 *Chrysomela populi*

사시나무잎벌레는 잎벌레 가운데 몸집이 크다. 머리와 앞가슴등판은 푸르스름한 검은색이고, 딱지날개는 빨갛다. 봄부터 가을까지 보이는데 5~6월에 가장 흔하다. 사시나무, 황철나무, 버드나무 잎을 갉아 먹는다. 어른벌레로 겨울을 나고, 봄에 알을 나뭇잎에 무더기로 붙여 낳는다. 5일쯤 지나면 애벌레가 깨어난다. 어른벌레나 애벌레 모두 건드리면 고약한 냄새가 나는 물을 내뿜는다. 다 자란 애벌레는 잎 뒷면에 거꾸로 매달려 번데기가 된다. 알에서 어른벌레가 되는데 한 달쯤 걸린다.

잎벌레아과
몸길이 6～9mm
나오는 때 4～10월
겨울나기 어른벌레

버들잎벌레 *Chrysomela vigintipunctata vigintipunctata*

버들잎벌레는 딱지날개가 빨갛고, 까만 점무늬가 9~10쌍 나 있다. 점무늬 때문에 무당벌레와 헷갈리는데, 버들잎벌레는 더듬이가 더 길다. 온 나라 냇가나 골짜기에 자라는 버드나무에서 한 해 내내 볼 수 있다. 어른벌레로 겨울을 나고, 이른 봄에 나와 버드나무 싹을 갉아 먹고 짝짓기를 한다. 암컷은 버드나무 잎 뒤에 알을 수십 개 낳아 붙인다. 애벌레는 20일쯤 지나면 다 자란다. 그러면 잎 뒤에 거꾸로 붙어 번데기가 된다. 5~6월에 어른벌레로 날개돋이 한다.

잎벌레아과
몸길이 6~9mm
나오는 때 5~9월
겨울나기 모름

참금록색잎벌레 *Plagiosterna adamsi*

참금록색잎벌레는 앞가슴등판은 빨갛고, 딱지날개는 파랗거나 풀빛으로 반짝거린다. 온 나라 논밭이나 냇가, 골짜기에서 볼 수 있다. 오리나무 잎을 갉아 먹는다. 불빛으로 날아오기도 한다. 우리나라와 중국에서만 사는 잎벌레다.

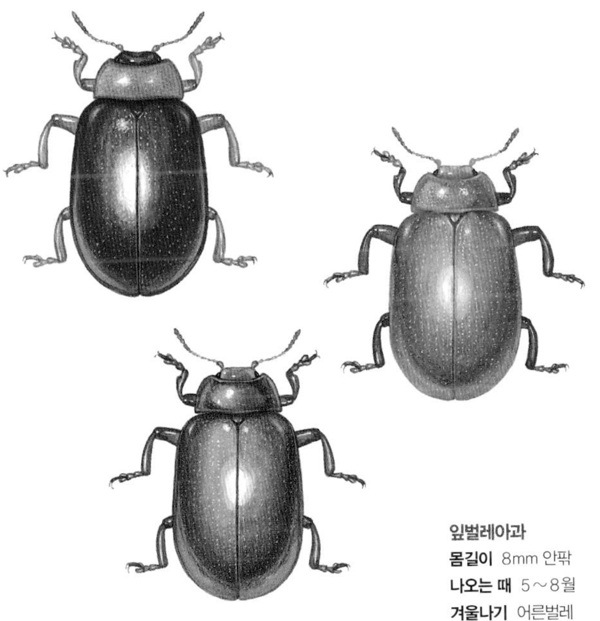

잎벌레아과
몸길이 8mm 안팎
나오는 때 5~8월
겨울나기 어른벌레

남색잎벌레 *Plagiosterna aenea aenea*

남색잎벌레는 몸빛이 여러 가지다. 딱지날개는 풀빛이거나 짙은 남색이고, 반짝거린다. 다리는 푸른빛을 띠는 검은색이거나 붉은 밤색이다. 온 나라에서 산다. 5월에 가장 많이 볼 수 있다. 사시나무나 버드나무, 오리나무, 자작나무 잎을 갉아 먹는다. 애벌레는 5월부터 무리 지어 산다. 위험을 느끼면 고약한 냄새를 풍긴다. 다 자란 애벌레는 잎 뒤에 거꾸로 매달려 번데기가 된다. 어른벌레로 겨울을 난다.

잎벌레아과
몸길이 8~10mm
나오는 때 4~7월
겨울나기 어른벌레

십이점박이잎벌레 *Paropsides duodecimpustulata*

십이점박이잎벌레는 무당벌레를 똑 닮았다. 독이 있는 무당벌레를 흉내 내서 천적을 피한다. 하지만 무당벌레는 위험을 느끼면 다리마디에서 독물이 나오지만, 십이점박이잎벌레는 몸을 그냥 움츠린 채 땅으로 똑 떨어질 뿐이다. 몸에 점무늬가 12개 있어서 십이점박이잎벌레다. 하지만 저마다 무늬 생김새가 많이 다르다. 딱지날개가 온통 붉기도 하고, 점무늬가 아닌 줄무늬가 있기도 하다. 온 나라 낮은 산에서 보인다. 애벌레는 돌배나무 잎을 갉아 먹는다.

잎벌레아과
몸길이 5～6mm
나오는 때 5～7월
겨울나기 어른벌레

수염잎벌레 *Gonioctena fulva*

수염잎벌레는 온몸이 붉거나 밤색이다. 작은방패판은 까맣다. 어른벌레로 겨울을 나고 봄에 나와 싸리나무나 버드나무 잎을 갉아 먹고 짝짓기를 한다. 암컷은 어린잎이나 줄기에 알 덩어리를 낳는다. 알은 투명하고 끈적끈적한 물로 덮여 있다. 알에서 나온 애벌레는 5월 말부터 6월까지 3번 허물을 벗고 큰다. 종령 애벌레는 잎에 거꾸로 매달려 번데기가 된다. 번데기가 된 지 6~9일쯤 지나 7~8월에 어른벌레가 된다. 어른벌레는 땅속으로 들어가 그대로 겨울을 난다.

잎벌레아과
몸길이 6mm 안팎
나오는 때 5~6월
겨울나기 모름

홍테잎벌레 *Entomoscelis orientalis*

홍테잎벌레는 몸이 주황색을 띤다. 앞가슴등판과 딱지날개 가운데에 까만 무늬가 커다랗게 나 있다. 그래서 이름처럼 마치 빨간 테두리를 두른 것 같다. 버드나무 잎을 갉아 먹는다.

긴더듬이잎벌레아과
몸길이 10~13mm
나오는 때 8~9월
겨울나기 알

열점박이별잎벌레 *Oides decempunctatus*

열점박이별잎벌레는 몸이 큰 잎벌레다. 생김새가 무당벌레를 쏙 닮았는데, 더듬이가 훨씬 길어서 다르다. 딱지날개에 까만 점이 10개 있다. 온 나라 들판에서 보인다. 포도나 개머루, 담쟁이덩굴 같은 포도과 식물 잎을 갉아 먹는다. 어른벌레는 위험을 느끼면 입과 다리 마디에서 고약한 냄새가 나는 노란 물이 나오고, 땅으로 툭 떨어져 죽은 척한다. 한 해에 한 번 어른벌레로 날개돋이 한다. 긴더듬이잎벌레 무리는 이름처럼 더듬이가 길다.

긴더듬이잎벌레아과
몸길이 11~12mm
나오는 때 5~10월
겨울나기 알

파잎벌레 *Galeruca extensa*

파잎벌레는 몸이 까맣거나 검은 밤색이다. 딱지날개에는 튀어나온 줄이 4개씩 있다. 이름처럼 파나 부추, 원추리 따위를 갉아 먹는다. 온 나라 논밭이나 숲 가장자리, 낮은 산에서 보인다. 애벌레는 허물을 두 번 벗고 종령 애벌레가 된다. 처음에는 서로 모여 지내다가 크면서 뿔뿔이 흩어진다. 애벌레는 위험을 느끼면 고약한 냄새가 나는 누런 물을 내뿜는다. 다 자란 애벌레는 땅속에 들어가 번데기 방을 만들고 노란 번데기가 된다. 일주일쯤 지나면 어른벌레로 날개돋이 한다.

긴더듬이잎벌레아과
몸길이 5mm 안팎
나오는 때 5～9월
겨울나기 어른벌레

질경이잎벌레 *Lochmaea capreae*

질경이잎벌레는 딱지날개가 누런 밤색이다. 더듬이와 다리는 까맣다. 버드나무나 황철나무 같은 나무에서 보인다. 어른벌레로 겨울을 나고 봄에 나와 짝짓기를 한다. 짝짓기를 마친 암컷은 6~7월에 땅 위에 알을 20개쯤 덩어리로 낳는다. 애벌레는 허물을 세 번 벗고 자란 뒤 땅속으로 들어가 번데기가 된다. 8~9월쯤 어른벌레로 날개돋이 한다. 한 해에 한 번 날개돋이 한다.

긴더듬이잎벌레아과
몸길이 4mm 안팎
나오는 때 4～11월
겨울나기 어른벌레

딸기잎벌레 *Galerucella grisescens*

딸기잎벌레는 온몸이 짙은 밤색이고, 노란 털이 촘촘히 나 있다. 딸기나 소리쟁이, 고마리 같은 풀잎을 갉아 먹는다. 물가를 좋아해서 논이나 냇물이 흐르는 들판에서 보인다. 어른벌레로 겨울을 나고, 이듬해 3월에 나와 짝짓기를 한다. 암컷은 잎 뒤에 알을 뭉쳐 낳는다. 애벌레는 허물을 두 번 벗고 종령 애벌레가 된다. 다 자란 애벌레는 잎 뒤에 꽁무니를 거꾸로 매달고 번데기가 된다. 알에서 어른벌레가 되는데 한 달쯤 걸린다. 한 해에 3~5번 날개돋이 한다.

긴더듬이잎벌레아과
몸길이 4~6mm
나오는 때 4~8월
겨울나기 어른벌레

일본잎벌레 *Galerucella nipponensis*

일본잎벌레는 딱지날개가 까맣고, 옆 가장자리 테두리는 짙은 밤색이다. 앞가슴등판도 까맣고 앞 가장자리는 누런 밤색이다. 일본잎벌레는 어른벌레와 애벌레 모두 저수지나 늪 같은 고인 물에 자라는 마름이나 순채 같은 잎을 갉아 먹기 때문에 물에 사는 것으로 오해하기도 한다. 어른벌레로 겨울을 나고 6~8월에 물에 뜬 마름 잎에 알을 낳는다. 애벌레도 물에 뜬 마름 잎을 갉아 먹는다. 2주일쯤 지나면 잎에서 번데기가 된 뒤 어른벌레로 날개돋이 한다.

긴더듬이잎벌레아과
몸길이 6mm 안팎
나오는 때 4~8월
겨울나기 어른벌레

띠띤수염잎벌레 *Xanthogaleruca maculicollis*

띠띤수염잎벌레는 몸이 누런 밤색이다. 딱지날개 어깨에는 까만 무늬가 있고, 옆 가장자리는 까맣다. 머리에 까만 무늬가 1개, 앞가슴등판에 3개 있다. 봄에 짝짓기를 마친 암컷이 알을 낳는다. 알에서 나온 애벌레는 느릅나무나 느티나무, 오리나무 잎을 갉아 먹는다. 여름에 어른벌레가 되어 가을까지 보인다. 날씨가 추워지면 나무껍질 밑이나 가랑잎 속에 들어가 어른벌레로 겨울을 난다.

긴더듬이잎벌레아과
몸길이 4~7mm
나오는 때 4~5월
겨울나기 어른벌레

돼지풀잎벌레 *Ophraella communa*

돼지풀잎벌레는 온몸이 누런 밤색을 띤다. 딱지날개에는 검은 세로 줄무늬가 4개씩 나 있다. 더듬이는 검은 밤색이고 11마디다. 앞가슴등판 가운데와 양옆에는 까만 무늬가 있다. 돼지풀잎벌레는 다른 나라에서 들어온 잎벌레다. 본디 북미에서 살던 잎벌레다. 다른 나라에서 들어온 돼지풀, 단풍잎돼지풀, 둥근잎돼지풀을 갉아 먹는다. 잎맥만 남기고 잎을 갉아 먹는다. 한 해에 4~5번 날개돋이를 한다.

긴더듬이잎벌레아과
몸길이 4～6mm
나오는 때 5～9월
겨울나기 모름

남방잎벌레 *Apophylia flavovirens*

남방잎벌레는 머리가 까맣고, 앞가슴등판은 노랗다. 딱지날개는 풀빛으로 반짝거린다. 이름처럼 남쪽 지방에서 사는 잎벌레다.

긴더듬이잎벌레아과
몸길이 5～8mm
나오는 때 4～5월
겨울나기 어른벌레

노랑가슴녹색잎벌레 *Agelasa nigriceps*

노랑가슴녹색잎벌레는 딱지날개가 풀빛이 도는 파란색으로 반짝거린다. 앞가슴등판은 누렇다. 생김새가 남색잎벌레와 닮았는데, 노랑가슴녹색잎벌레는 앞가슴등판에 낮게 파인 곳이 있다. 온 나라 산에서 보인다. 어른벌레나 애벌레 모두 다래나무 잎을 갉아 먹는다. 암컷은 5월에 잎 뒤에 알을 무더기로 붙여 낳는다. 애벌레는 무리 지어 잎을 갉아 먹다가, 크면서 뿔뿔이 흩어진다. 허물을 세 번 벗고 땅속으로 들어가 번데기가 된다. 한 달쯤 지나면 어른벌레로 날개돋이 한다.

긴더듬이잎벌레아과
몸길이 7～10mm
나오는 때 3～8월
겨울나기 어른벌레

상아잎벌레 *Gallerucida bifasciata*

상아잎벌레는 이름처럼 딱지날개에 상아 빛깔 띤 노란 띠무늬가 마주나 있다. 온 나라 산이나 들판에서 볼 수 있다. 어른벌레와 애벌레 모두 호장근이나 수영, 소리쟁이, 까치수영, 며느리배꼽 같은 식물 잎을 갉아 먹는다. 낮에는 들판이나 산길 둘레에서 잘 날아다닌다. 여름과 가을 사이에 어른벌레로 날개돋이 해서 땅 위로 나온다. 어른벌레로 땅속이나 가랑잎 밑에서 겨울을 난다.

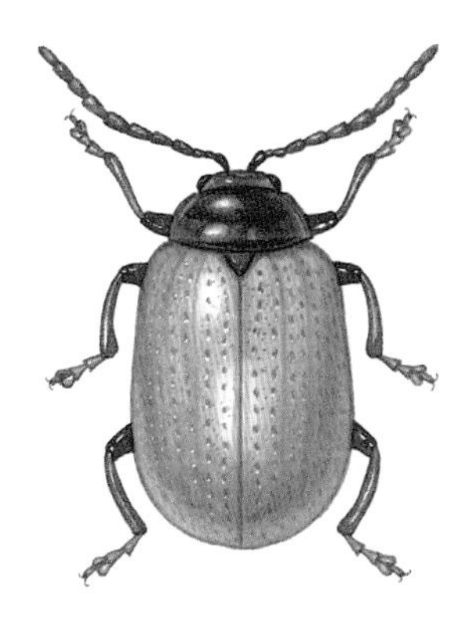

긴더듬이잎벌레아과
몸길이 6~8mm
나오는 때 4~6월
겨울나기 어른벌레

솔스키잎벌레 *Gallerucida flavipennis*

솔스키잎벌레는 머리와 다리가 까맣다. 딱지날개는 누런 밤색이고, 작은 홈이 파여 줄지어 나 있다. 앞가슴등판 양쪽에 가로로 홈이 파여 있다. 온 나라 논밭이나 숲 가장자리, 공원에서 볼 수 있다. 짝짓기를 마친 암컷은 5월에 알을 낳는다. 다 자란 애벌레는 땅속에 들어가 번데기가 된다. 어른벌레로 겨울을 난다.

긴더듬이잎벌레아과
몸길이 5～8mm
나오는 때 4～8월
겨울나기 어른벌레

오리나무잎벌레 *Agelastica coerulea*

오리나무잎벌레는 몸이 까맣지만 보는 각도에 따라 보랏빛이나 풀빛을 띤 남색으로 보인다. 이름처럼 낮은 산이나 들판에 자라는 오리나무나 버드나무에서 산다. 어른벌레로 겨울을 나고, 이듬해 4~5월에 나와 오리나무 잎을 갉아 먹고 짝짓기를 한다. 여름에 날개돋이 한 어른벌레는 잎을 갉아 먹다가 8월 말쯤 다시 땅속으로 들어가 이듬해 봄까지 잠을 잔다. 알에서 어른벌레까지 한 해에 한 번 날개돋이 한다.

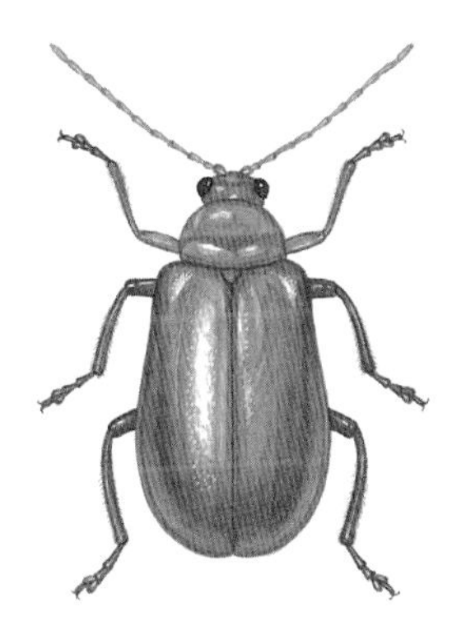

긴더듬이잎벌레아과
몸길이 5～8mm
나오는 때 5～10월
겨울나기 어른벌레

오이잎벌레 *Aulacophora indica*

오이잎벌레는 몸이 주황색으로 번쩍거린다. 딱지날개는 아주 얇아서 속이 비친다. 앞가슴등판 가운데에 가로로 홈이 파여 줄을 이룬다. 온 나라 들판, 논밭 둘레, 낮은 산에서 보인다. 낮에 나와 오이나 참외, 호박, 배추 같은 농작물 잎을 많이 갉아 먹는다. 암컷은 5~6월에 땅속에 알을 낳고, 8~11월에 어른벌레로 날개돋이 한다. 날씨가 추워지면 마른 땅속에 여러 마리가 모여 어른벌레로 겨울을 난다.

긴더듬이잎벌레아과
몸길이 5～7mm
나오는 때 4～11월
겨울나기 어른벌레

검정오이잎벌레 *Aulacophora nigripennis nigripennis*

검정오이잎벌레는 오이잎벌레와 생김새가 닮았는데, 딱지날개가 까매서 다르다. 온 나라 들판에서 쉽게 볼 수 있다. 낮에 나와 콩이나 박, 오이 같은 농작물 잎을 갉아 먹고 팽나무, 등나무, 오리나무 같은 나뭇잎도 갉아 먹는다. 5~6월에 짝짓기를 마친 암컷은 땅속에 알을 낳는다. 알에서 나온 애벌레는 땅속 식물 뿌리를 갉아 먹는다. 알에서 어른벌레가 되는데 한 달쯤 걸린다. 날씨가 추워지면 어른벌레 여러 마리가 모여 겨울잠을 잔다.

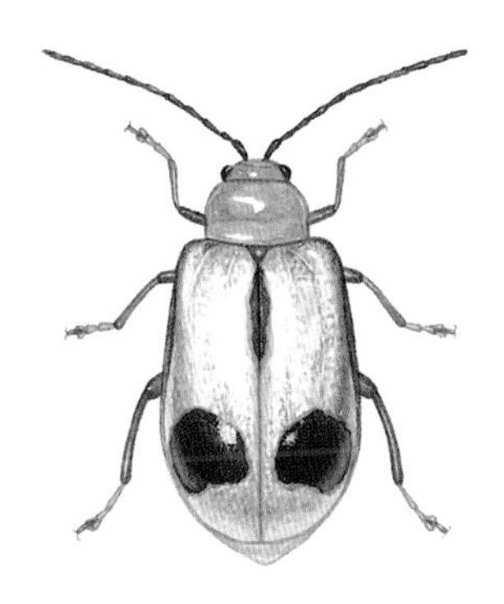

긴더듬이잎벌레아과
몸길이 5mm 안팎
나오는 때 4～11월
겨울나기 어른벌레

세점박이잎벌레 *Paridea angulicollis*

세점박이잎벌레는 이름처럼 딱지날개에 까만 점이 세 개 있다. 가끔 가운데에 점이 없거나 아예 점이 없기도 하다. 짝짓기를 마친 암컷은 4월 말쯤에 누런 알을 땅속에 2~3개씩 낳는다. 알에서 나온 애벌레는 하늘타리나 돌외 뿌리를 갉아 먹는다. 한 달쯤 지나면 번데기가 되어 어른벌레로 날개돋이 한다. 어른벌레로 겨울을 난다.

긴더듬이잎벌레아과
몸길이 5mm 안팎
나오는 때 4～8월
겨울나기 모름

네점박이잎벌레 *Paridea oculata*

네점박이잎벌레는 이름처럼 딱지날개에 까만 무늬가 네 개 나 있다. 작은방패판도 까맣다.

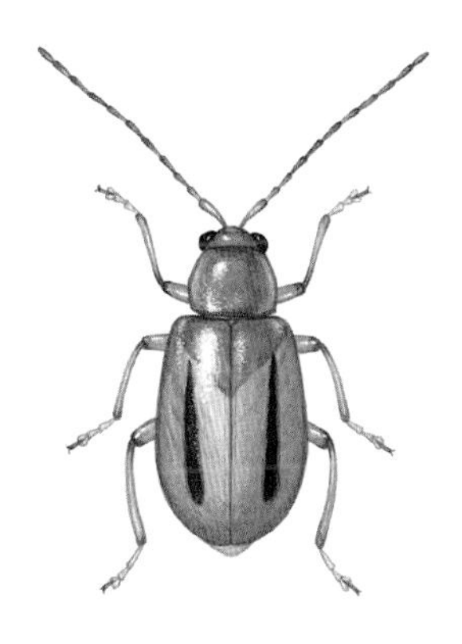

긴더듬이잎벌레아과
몸길이 3mm 안팎
나오는 때 5~9월
겨울나기 모름

두줄박이애잎벌레 *Medythia nigrobilineata*

두줄박이애잎벌레는 이름처럼 딱지날개에 짙은 밤색 세로 줄무늬가 2개 길게 나 있다. 어른벌레는 콩과 식물 잎을 갉아 먹는다. 애벌레는 뿌리를 갉아 먹는다. 5월 중순부터 짝짓기를 마친 암컷은 알을 낳는다.

긴더듬이잎벌레아과
몸길이 4~5mm
나오는 때 5~8월
겨울나기 모름

노랑배잎벌레 *Exosoma flaviventre*

노랑배잎벌레는 몸이 검은 파란색인데 이름처럼 배는 누렇다.

긴더듬이잎벌레아과
몸길이 7mm 안팎
나오는 때 5~6월
겨울나기 모름

노랑가슴청색잎벌레 *Cneorane elegans*

노랑가슴청색잎벌레는 이름처럼 앞가슴등판이 붉은 밤색을 띤다. 딱지날개는 풀빛이 도는 파란색이다. 작은방패판은 까맣다. 댑싸리를 갉아 먹는다고 한다.

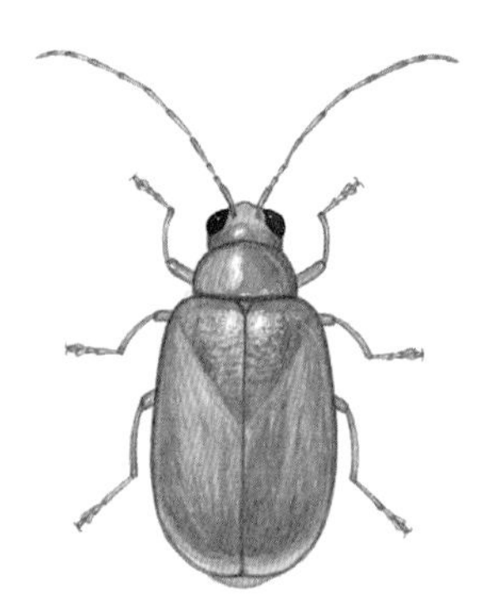

긴더듬이잎벌레아과
몸길이 4~5mm
나오는 때 6~9월
겨울나기 모름

노랑발톱잎벌레 *Monolepta pallidula*

노랑발톱잎벌레는 온몸이 누런 밤색이고 겹눈만 까맣다. 종아리마다 앞쪽은 누런 밤색이다.

긴더듬이잎벌레아과
몸길이 4mm 안팎
나오는 때 4~9월
겨울나기 알

크로바잎벌레 *Monolepta quadriguttata*

크로바잎벌레는 머리와 가슴은 주황색이다. 딱지날개는 까맣고, 누런 점이 두 개 있다. 딱지날개 끄트머리는 누런 밤색이다. 온 나라 들판이나 논밭, 냇가, 공원에서 보인다. 낮에 나와 돌아다니며 크로바나 쇠비름 같은 풀이나 배추나 무, 옥수수, 콩, 땅콩, 호박, 가지 같은 농작물 잎을 갉아 먹는다. 짝짓기를 마친 암컷은 식물 줄기나 뿌리 가까운 땅속에 알을 낳는다. 알로 겨울을 난다. 알에서 나온 애벌레는 땅속 뿌리를 갉아 먹는다. 한 해에 두 번 어른벌레가 된다.

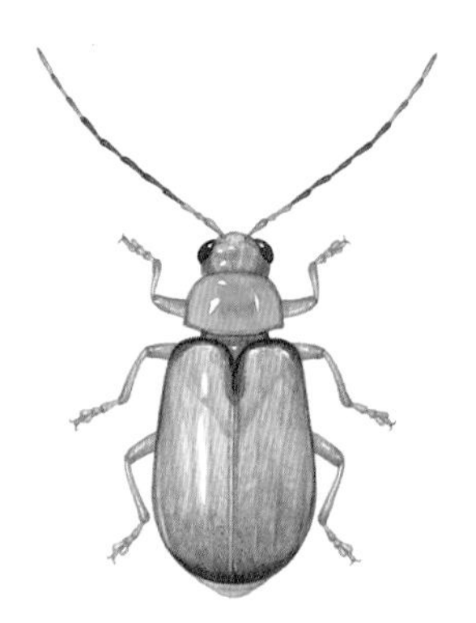

긴더듬이잎벌레아과
몸길이 4mm 안팎
나오는 때 5~9월
겨울나기 모름

어리발톱잎벌레 *Monolepta shirozui*

어리발톱잎벌레는 온몸이 누런 밤색이다. 딱지날개 위쪽과 끄트머리가 까맣기도 하다. 애벌레는 때죽나무 잎을 갉아 먹는다고 한다.

긴더듬이잎벌레아과
몸길이 5～7mm
나오는 때 4～6월
겨울나기 애벌레

뽕나무잎벌레 *Fleutiauxia armata*

뽕나무잎벌레는 딱지날개가 파란 풀빛을 띤다. 앞가슴등판과 작은방패판은 까맣다. 머리는 누런 밤색인데, 앞쪽은 까맣고, 정수리는 파란 풀빛을 띤다. 어른벌레는 뽕나무나 사과나무 같은 여러 가지 나뭇잎을 갉아 먹는다. 5월에 짝짓기를 하고 누런 알을 2~3개씩 먹이식물 뿌리 둘레에 낳는다. 한 달쯤 지나면 애벌레가 나와 땅속에 들어간 뒤 뿌리를 갉아 먹는다. 애벌레로 겨울을 난다고 한다. 이듬해 봄에 번데기가 되고 어른벌레로 날개돋이 한다. 한 해에 한 번 날개돋이 한다.

긴더듬이잎벌레아과
몸길이 7~9mm
나오는 때 4~7월
겨울나기 모름

푸른배줄잎벌레 *Gallerucida gloriosa*

푸른배줄잎벌레는 딱지날개가 자줏빛과 풀빛이 아롱대는 무지개빛을 띤다. 다리도 자줏빛을 띤다.

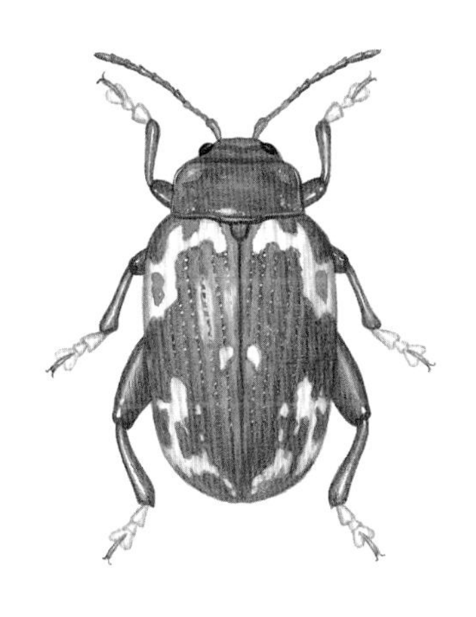

벼룩잎벌레아과
몸길이 9～12mm
나오는 때 6～10월
겨울나기 알

왕벼룩잎벌레 *Ophrida spectabilis*

왕벼룩잎벌레는 몸이 붉은 밤색으로 반짝거린다. 딱지날개에는 허연 무늬가 앞쪽과 뒤쪽에 어지럽게 나 있다. 딱지날개 가운데에는 하얀 무늬가 있다. 다리 발목마디도 하얗다. 뒷다리 허벅지마디는 알통처럼 툭 불거졌다. 더듬이는 4마디까지는 노랗고, 나머지 마디는 까맣다. 잎벌레 가운데 몸집이 크다. 온 나라 산에서 자라는 붉나무나 옻나무, 개옻나무에서 많이 보인다.

벼룩잎벌레아과
몸길이 2mm 안팎
나오는 때 3~11월
겨울나기 어른벌레

벼룩잎벌레 *Phyllotreta striolata*

벼룩처럼 톡톡 높이 튄다고 벼룩잎벌레다. 벼룩잎벌레아과 무리는 모두 뒷다리 허벅지마디가 알통처럼 툭 불거졌다. 또 몸집이 벼룩만큼 작다. 온몸은 까맣다. 딱지날개에 노란 세로줄 무늬가 뚜렷하게 나 있다. 무나 배추를 심은 밭에서 많이 볼 수 있다. 어른벌레로 겨울을 나고, 이듬해 봄부터 나와 무나 배추 같은 십자화과 식물 잎을 갉아 먹는다. 어른벌레는 잎을 갉아 구멍을 내고, 애벌레는 뿌리를 갉아 놓는다. 한 해에 2~3번 날개돋이 한다.

벼룩잎벌레아과
몸길이 4mm 안팎
나오는 때 3～11월
겨울나기 모름

발리잎벌레 *Altica caerulescens*

발리잎벌레는 벼룩잎벌레처럼 위험을 느낄 때 벼룩처럼 톡톡 튀어 다닌다. 뒷다리 허벅지마디가 알통처럼 툭 불거졌다. 온몸은 검은 파란빛으로 반짝거린다. 봄부터 가을까지 깨풀이 자라는 밭둑 같은 곳에서 볼 수 있다. 짝짓기를 마친 암컷은 애벌레가 먹을 잎에 알을 무더기로 낳아 붙인다. 일주일쯤 지나면 알에서 애벌레가 깨어 나온다. 알에서 나온 애벌레는 무리를 지어 잎을 갉아 먹는다. 한 잎을 다 먹으면 다 같이 다른 잎으로 옮겨 간다. 알에서 어른벌레가 되는데 한 달쯤 걸린다.

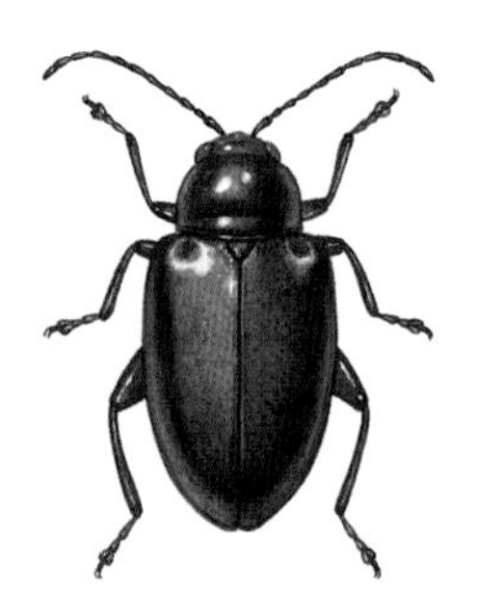

벼룩잎벌레아과
몸길이 3mm 안팎
나오는 때 3～11월
겨울나기 모름

바늘꽃벼룩잎벌레 *Altica oleracea oleracea*

바늘꽃벼룩잎벌레는 몸이 검은 파란색이거나 청동색, 풀빛을 띠는 파란색으로 여러 가지 빛깔을 띤다. 딱지날개에는 상어 비늘처럼 생긴 옆주름이 있다.

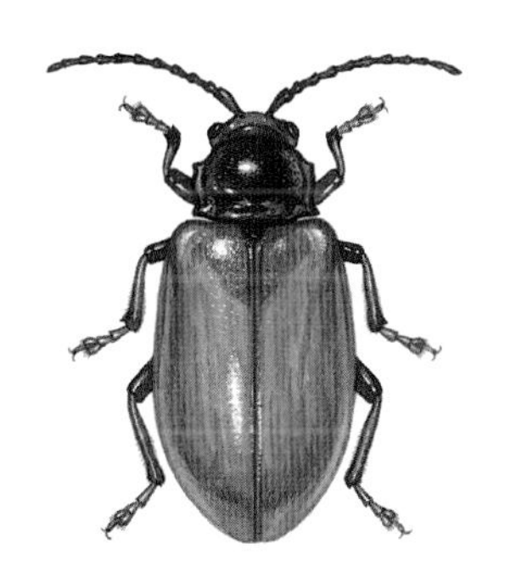

벼룩잎벌레아과
몸길이 5~6mm
나오는 때 4~6월
겨울나기 어른벌레

황갈색잎벌레 *Phygasia fulvipennis*

황갈색잎벌레는 딱지날개가 붉은 밤색이다. 더듬이와 머리, 앞가슴등판은 까맣다. 온 나라 낮은 산이나 숲 가장자리에서 보인다. 어른벌레로 땅속에서 겨울을 나고, 이듬해 5~6월에 나와 여러 마리가 모여 잎을 갉아 먹고 짝짓기를 한다. 독이 있는 박주가리나 큰조롱 잎을 잘 갉아 먹는다. 짝짓기를 마친 암컷은 6월쯤에 땅속에 누런 알을 덩어리로 낳는다. 알에서 나온 애벌레는 식물 뿌리를 갉아 먹는다.

벼룩잎벌레아과
몸길이 3mm 안팎
나오는 때 4～10월
겨울나기 어른벌레

알통다리잎벌레 *Crepidodera plutus*

알통다리잎벌레는 이름처럼 뒷다리 허벅지마디가 알통처럼 툭 불거졌다. 온몸은 파르스름한 풀빛으로 반짝거린다. 가슴과 딱지날개에는 자잘한 홈이 잔뜩 파여 있다. 더듬이는 11마디인데, 4마디까지는 붉은 밤색이고 나머지는 까맣다. 어른벌레로 겨울을 나고 봄에 나온다.

벼룩잎벌레아과
몸길이 3～5mm
나오는 때 5～6월
겨울나기 어른벌레

보라색잎벌레 *Hemipyxis plagioderoides*

보라색잎벌레는 딱지날개가 푸르스름한 검은색이다. 머리와 가슴은 까맣다. 어른벌레로 겨울을 난다. 짝짓기를 마친 암컷은 5~6월에 불그스름한 알을 잎에 붙여 낳는다. 알에서 나온 애벌레는 질경이 잎을 갉아 먹고 큰다. 어른벌레가 되는데 한 달 넘게 걸린다. 한 해에 한 번 날개돋이 한다.

벼룩잎벌레아과
몸길이 4~5mm
나오는 때 5~9월
겨울나기 모름

단색둥글잎벌레 *Argopus unicolor*

단색둥글잎벌레는 온몸이 붉은 밤색이다. 더듬이는 까만데, 4번째 마디까지는 누런 밤색이다. 다리는 붉은 밤색이다.

벼룩잎벌레아과
몸길이 4mm 안팎
나오는 때 3~11월
겨울나기 어른벌레

점날개잎벌레 *Nonarthra cyanea*

딱지날개에 점처럼 파인 홈이 있어서 점날개잎벌레라는 이름이 붙었다. 온몸은 검은 남색으로 번쩍거린다. 뒷다리 허벅지마디가 아주 크다. 더듬이는 8마디다. 온 나라 낮은 산이나 들판에 핀 여러 꽃에서 보인다. 어른벌레로 겨울을 나고, 이른 봄부터 양지꽃이나 개망초, 민들레 같은 꽃에 날아와 꽃가루와 꽃잎, 잎을 큰턱으로 베어 씹어 먹는다. 위험을 느끼면 마치 벼룩처럼 톡톡 튀어 도망간다. 또 앞날개와 배를 비벼 소리를 낸다. 한 해에 한 번 날개돋이 한다.

가시잎벌레아과
몸길이 4mm 안팎
나오는 때 4～11월
겨울나기 모름

노랑테가시잎벌레 *Dactylispa angulosa*

노랑테가시잎벌레는 고슴도치처럼 딱지날개 옆 가장자리에 잔가시가 잔뜩 나 있다. 딱지날개에는 혹이 울퉁불퉁 나 있다. 온몸은 까만데 다리와 더듬이는 붉은 밤색이다. 온 나라 들판이나 낮은 산에서 보인다. 어른벌레는 벚나무에서 많이 보이고, 애벌레는 벚나무, 졸참나무, 산박하, 꿀풀, 쑥 같은 식물에서 볼 수 있다. 위험을 느끼면 땅으로 툭 떨어져 숨는다. 몸집이 아주 작아서 풀숲에 떨어지면 쉽게 찾을 수 없다. 7~8월이 되면 어른벌레가 날개돋이 해 나온다.

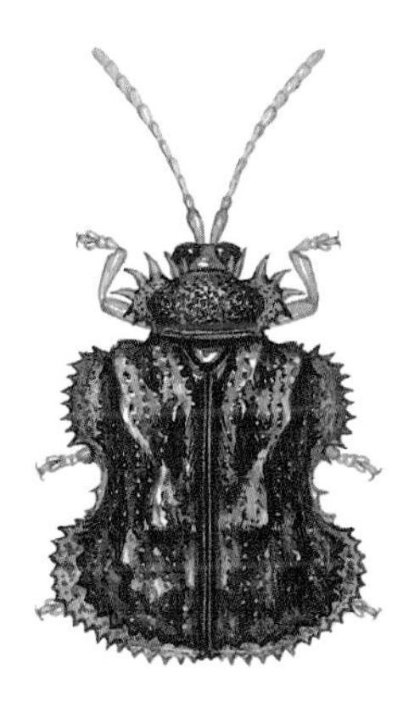

가시잎벌레아과
몸길이 4mm 안팎
나오는 때 4~10월
겨울나기 모름

안장노랑테가시잎벌레 *Dactylispa excisa excisa*

안장노랑테가시잎벌레는 말안장처럼 딱지날개 앞쪽과 뒤쪽이 넓게 옆으로 늘어났다. 가장자리에는 가시가 잔뜩 나 있다. 앞가슴등판에도 뾰족하고 길쭉한 가시가 있다. 드물게 볼 수 있다.

가시잎벌레아과
몸길이 5mm 안팎
나오는 때 4~7월
겨울나기 모름

큰노랑테가시잎벌레 *Dactylispa masonii*

큰노랑테가시잎벌레는 딱지날개 가장자리가 노랗고, 가시가 잔뜩 났다. 딱지날개는 울퉁불퉁하다. 몸은 어두운 검은 밤색이다. 앞가슴등판 앞쪽에도 뾰족한 돌기가 났다. 짝짓기를 마친 암컷은 잎 가장자리에 알을 낳는다. 알에서 나온 애벌레는 머위나 쑥부쟁이 잎을 갉아 먹는다고 한다.

가시잎벌레아과
몸길이 5mm 안팎
나오는 때 4～10월
겨울나기 모름

사각노랑테가시잎벌레 *Dactylispa subquadrata subquadrata*

사각노랑테가시잎벌레는 몸이 까만데 더듬이와 다리는 누렇다. 딱지날개는 울퉁불퉁하고, 가장자리에는 가시가 잔뜩 나 있다. 딱지날개 앞쪽과 뒤쪽이 옆으로 넓게 늘어났다. 어른벌레는 졸참나무 잎을 갉아 먹고, 5월에 짝짓기를 마친 암컷이 잎 끝에 알을 1개씩 낳아 붙인다. 애벌레는 잎 속으로 굴을 파고 다니며 속살을 파먹으면 겉으로 허연 줄무늬가 생긴다. 7월에 굴속에서 번데기가 되었다가 어른벌레로 날개돋이 해 나온다.

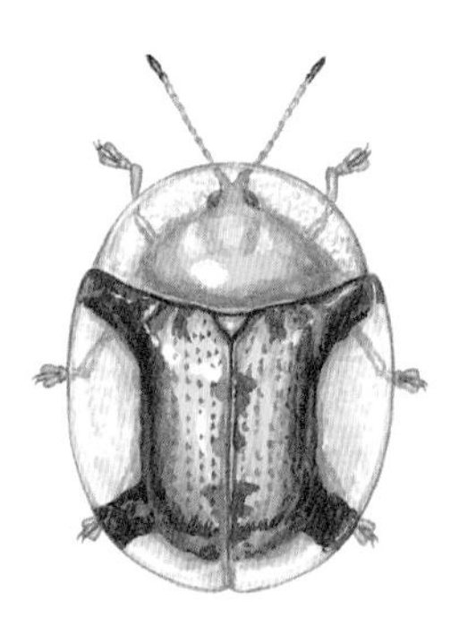

남생이잎벌레아과
몸길이 6～7mm
나오는 때 4～11월
겨울나기 어른벌레

모시금자라남생이잎벌레 *Aspidomorpha transparipennis*

모시금자라남생이잎벌레는 더듬이와 머리, 딱지날개가 금빛을 띤다. 다른 남생이잎벌레처럼 딱지날개가 투명하고, 딱지날개 앞뒤로 다리처럼 생긴 검은 밤색 무늬가 나 있다. 더듬이 끝 두 마디는 까맣다. 온 나라 낮은 산 풀밭에서 보인다. 어른벌레로 가랑잎이나 덤불 속에 들어가 겨울을 나고, 이듬해 봄에 나온 어른벌레는 메꽃이나 방아풀 같은 잎을 갉아 먹는다. 알에서 어른벌레로 날개돋이 하는데 4주쯤 걸린다. 한 해에 여름과 가을 두 번 날개돋이 한다.

남생이잎벌레아과
몸길이 5mm
나오는 때 6~8월
겨울나기 모름

남생이잎벌레붙이 *Glyphocassis spilota spilota*

남생이잎벌레붙이는 몸이 붉은 밤색인데 까만 무늬가 여기저기 나 있다. 앞가슴등판에도 까만 무늬가 3개 있다. 딱지날개가 맞붙는 곳도 까맣다. 바가지처럼 몸이 볼록하다. 어른벌레는 고구마나 메꽃 같은 식물 잎을 갉아 먹는다고 한다.

남생이잎벌레아과
몸길이 6mm 안팎
나오는 때 4~9월
겨울나기 어른벌레

적갈색남생이잎벌레 *Cassida fuscorufa*

적갈색남생이잎벌레는 이름처럼 몸이 붉은 밤색이다. 더듬이는 까만데 5마디까지는 붉은 밤색을 띤다. 다리도 까맣다. 어른벌레로 겨울을 나고, 이듬해 4월에 잠에서 깨 나온다. 5월에 짝짓기를 마친 암컷은 쑥 잎 뒤에 알을 1개씩 낳는다. 알은 얇은 막으로 두 겹 감싸 잎에 붙인 뒤 똥으로 덮는다. 알에서 나온 애벌레는 7월까지 쑥 잎을 갉아 먹으면서 큰다.

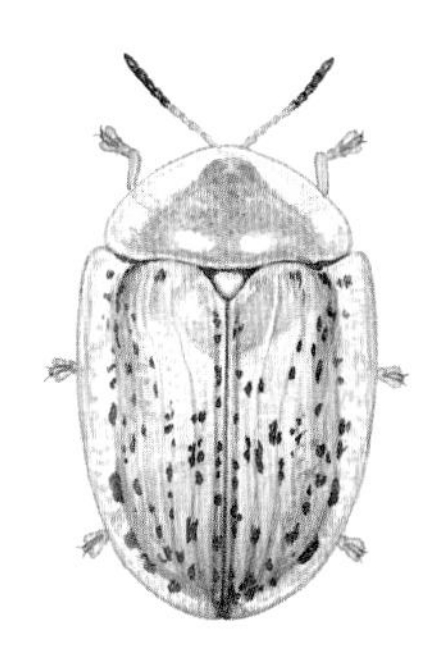

남생이잎벌레아과
몸길이 7mm 안팎
나오는 때 5~8월
겨울나기 어른벌레

남생이잎벌레 *Cassida nebulosa*

꼭 남생이를 닮았다고 남생이잎벌레다. 남생이처럼 머리와 다리를 앞가슴등판과 딱지날개 속에 숨기고 더듬이만 내 놓은 채 기어 다닌다. 딱지날개가 투명해서 속이 훤히 비친다. 다른 남생이잎벌레보다 몸이 조금 더 길쭉하고 납작하다. 앞가슴등판은 방패처럼 크다. 딱지날개에는 검은 점무늬가 이리저리 나 있다. 온 나라 낮은 산 풀밭에서 보인다. 어른벌레와 애벌레 모두 명아주과 식물 잎을 갉아 먹고 산다. 애벌레는 자기가 벗은 허물과 싼 똥을 몸에 짊어지고 다닌다.

남생이잎벌레아과
몸길이 6mm 안팎
나오는 때 6~8월
겨울나기 모름

노랑가슴남생이잎벌레 *Cassida pallidicollis*

노랑가슴남생이잎벌레는 이름처럼 딱지날개는 까맣고 앞가슴등판이 노랗다.

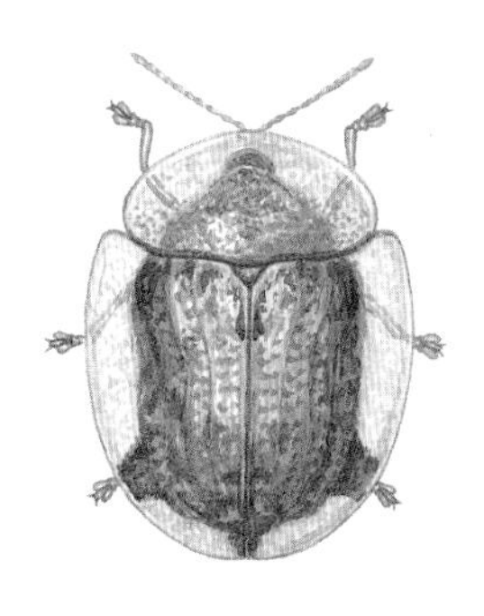

남생이잎벌레아과
몸길이 5~6mm
나오는 때 4~10월
겨울나기 어른벌레

애남생이잎벌레 *Cassida piperata*

애남생이잎벌레는 적갈색남생이잎벌레와 닮았다. 더듬이와 다리는 누런 밤색이고 배는 까맣다. 앞가슴등판과 딱지날개는 누렇다. 딱지날개에는 자잘한 홈이 파여 있고, 검은 무늬가 있다. 온 나라 논밭 둘레나 시냇가, 바닷가 풀밭에서 보인다. 어른벌레로 겨울을 나고, 이듬해 봄에 나와 5월에 짝짓기를 하고 알을 1개씩 낳는다. 알은 투명한 막으로 두 겹 싸여 있다. 애벌레는 쇠무릎이나 명아주, 개비름 같은 풀잎을 갉아 먹는다. 가을에 어른벌레로 날개돋이 한다.

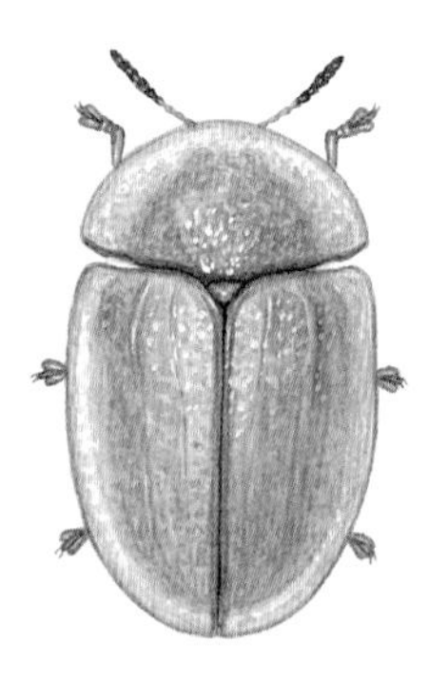

남생이잎벌레아과
몸길이 7～9mm
나오는 때 4～7월
겨울나기 어른벌레

청남생이잎벌레 *Cassida rubiginosa rubiginosa*

청남생이잎벌레는 남생이잎벌레와 닮았지만, 몸빛이 풀빛을 띠고 딱지날개에 점무늬가 없어서 다르다. 온 나라 논밭이나 숲 가장자리, 냇가, 공원 풀밭에서 보인다. 어른벌레로 겨울을 나고, 이듬해 봄에 나와 엉겅퀴 같은 식물 잎을 갉아 먹고 짝짓기를 한다. 짝짓기를 마친 암컷은 5월에 알을 1~9개 낳는다. 알에서 어른벌레가 되는데 한 달 넘게 걸린다. 애벌레는 배 끝에 있는 돌기 끝에 허물과 똥을 뭉쳐 등에 짊어지고 다닌다.

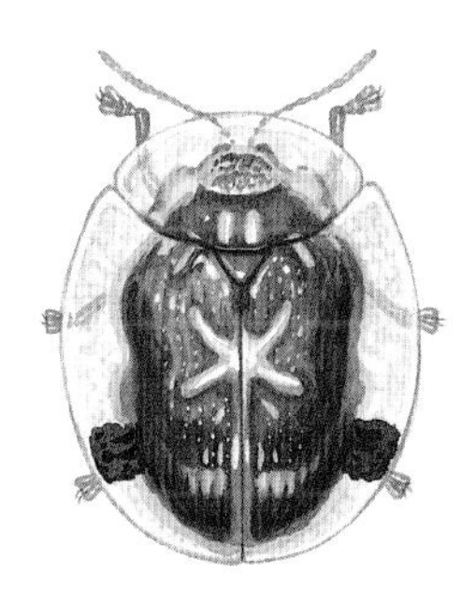

남생이잎벌레아과
몸길이 6mm 안팎
나오는 때 4~6월
겨울나기 어른벌레

엑스자남생이잎벌레 *Cassida versicolor*

엑스자남생이잎벌레는 이름처럼 딱지날개 가운데에 X자처럼 생긴 누런 무늬가 있다. 어른벌레로 겨울을 나고 4월부터 보인다. 벚나무나 사과나무, 배나무 같은 나뭇잎을 갉아 먹는다. 4월 말에 짝짓기를 마친 암컷은 잎에 알을 1개씩 낳는다. 알은 두 겹으로 된 막으로 싸여 있고 똥으로 덮는다. 알에서 나온 애벌레는 똥을 등에 짊어지고 다니며 잎을 갉아 먹는다. 5월 중순부터 6월 초까지 어른벌레가 날개돋이 해서 나온다.

남생이잎벌레아과
몸길이 4~7mm
나오는 때 4~7월
겨울나기 어른벌레

곱추남생이잎벌레 *Cassida vespertina*

곱추남생이잎벌레는 이름처럼 딱지날개 앞쪽이 곱추처럼 불룩 솟았다. 온몸이 까만데 군데군데가 노르스름하다. 딱지날개는 울퉁불퉁하다. 어른벌레로 겨울을 나고 4월 말쯤에 보인다. 어른벌레와 애벌레는 사위질빵 잎만 먹는다. 짝짓기를 마친 암컷은 5월 초에 알을 낳는다. 애벌레는 꽁무니에 있는 기다란 돌기에 허물과 똥을 붙여 등에 얹고 다닌다. 다 자란 애벌레는 똥과 허물을 짊어진 채 번데기가 된다. 일주일쯤 지나면 어른벌레로 날개돋이 해서 나온다.

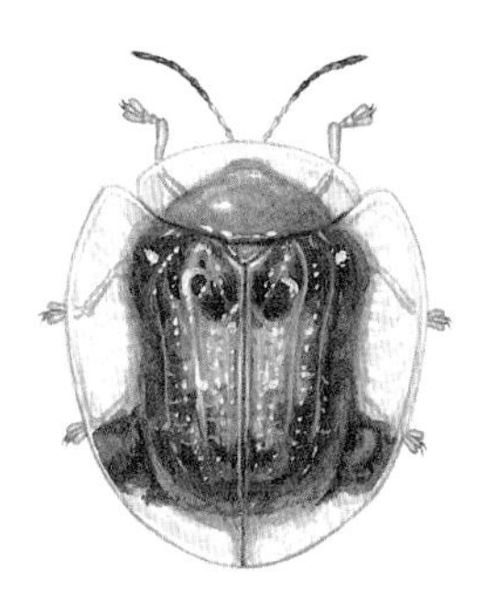

남생이잎벌레아과
몸길이 7~9mm
나오는 때 5~6월
겨울나기 모름

큰남생이잎벌레 *Thlaspida biramosa biramosa*

큰남생이잎벌레는 애남생이잎벌레와 닮았지만, 몸집이 더 크고 더듬이 끝 5마디가 까매서 다르다. 몸은 누런 밤색과 까만색이 뒤섞여 있다. 몸 가장자리로 가슴등판과 딱지날개가 옆으로 늘어나 있다. 딱지날개는 투명해서 속이 훤히 비친다. 온 나라 산속 풀밭에서 산다. 어른벌레와 애벌레 모두 작살나무나 좀작살나무 잎을 잘 갉아 먹는다. 애벌레는 다른 남생이잎벌레 애벌레처럼 허물과 똥을 짊어지고 다니며 자기 몸을 숨긴다.

남생이잎벌레아과
몸길이 5~7mm
나오는 때 6~8월
겨울나기 모름

루이스큰남생이잎벌레 *Thlaspida lewisii*

루이스큰남생이잎벌레는 앞가슴등판과 딱지날개가 망토처럼 옆으로 늘어났고, 투명해서 속이 훤히 비친다. 위험을 느끼면 앞가슴등판과 딱지날개 속으로 다리를 숨기고 딱 붙는다. 그러면 개미나 노린재가 어쩌지 못 한다. 큰남생이잎벌레와 닮았지만, 루이스큰남생이잎벌레는 누런 밤색이고, 딱지날개 앞쪽 가장자리에 밤색 무늬가 있어서 다르다. 온 나라 산이나 숲 가장자리에서 볼 수 있다. 물푸레나무나 쇠물푸레나무, 쥐똥나무 잎을 갉아 먹는다.

콩바구미아과
몸길이 4~6mm
나오는 때 모름
겨울나기 모름

알락콩바구미 *Megabruchidius dorsalis*

알락콩바구미는 원래 유럽에서 살던 바구미인데, 우리나라로 들어와 퍼졌다. 온몸이 거무스름한 누런 밤색이다. 딱지날개 끄트머리에 까만 점이 한 쌍 있거나 없다. 어른벌레는 쥐엄나무 잎을 갉아 먹고 거기에 알을 낳는다. 알에서 깨어난 애벌레는 열매 속에 들어가 산다고 한다.

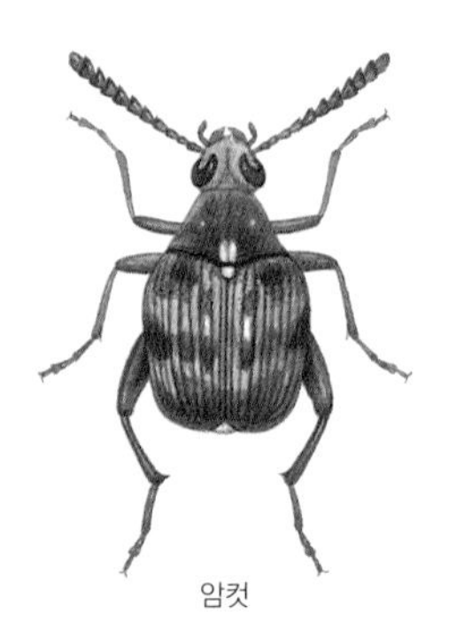
암컷

콩바구미아과
몸길이 2～3mm
나오는 때 5～10월
겨울나기 모름

팥바구미 *Callosobruchus chinensis*

팥바구미는 앞가슴등판에 짧고 하얀 점무늬가 두 개 있다. 수컷 더듬이는 빗살처럼 갈라졌고, 암컷은 톱니처럼 생겼다. 이름처럼 팥을 갉아 먹고 산다. 콩이나 팥을 심은 밭에서 살고, 갈무리해 둔 여러 가지 콩에서도 산다. 짝짓기를 마친 암컷은 잘 여문 팥이나 꼬투리에 알을 붙여 낳는다. 일주일쯤 뒤 알에서 애벌레가 나온다. 구더기처럼 생긴 애벌레는 팥을 주둥이로 갉아 속으로 들어가 산다. 보름쯤 뒤에 어른벌레로 날개돋이 해서 나온다.

주둥이거위벌레아과
몸길이 4mm 안팎
나오는 때 5~7월
겨울나기 모름

포도거위벌레 *Aspidobyctiscus lacunipennis*

포도거위벌레는 온몸이 검은 밤색이고 반짝거린다. 주둥이는 길쭉하다. 더듬이 끝이 곤봉처럼 볼록하다. 딱지날개에 홈이 파여 세로로 줄이 나 있다. 이름처럼 포도에서 많이 보인다. 어른벌레는 온 나라에서 보인다. 짝짓기를 마친 암컷은 포도 잎을 둥글게 만 뒤 그 속에 알을 14개쯤 낳는다.

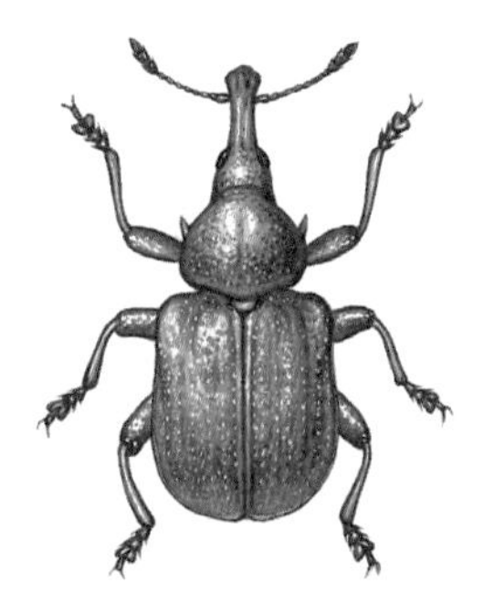

주둥이거위벌레아과
몸길이 5~7mm
나오는 때 5~7월
겨울나기 어른벌레

뿔거위벌레 *Byctiscus congener*

뿔거위벌레는 온몸이 파르스름한 풀빛으로 반짝거린다. 딱지날개에 작은 점무늬가 잔뜩 나 있다. 딱지날개에 세로 줄무늬가 세 줄씩 나 있다. 수컷은 앞가슴등판 양쪽에 뾰족한 돌기가 튀어나왔다. 낮은 산에서 산다. 어른벌레는 사과나무, 피나무, 황철나무, 자작나무, 고로쇠나무, 당단풍, 버드나무 같은 나무에서 자주 보인다. 짝짓기를 마친 암컷은 나뭇잎을 두세 장 둥글게 만 뒤 그 속에 알을 낳는다.

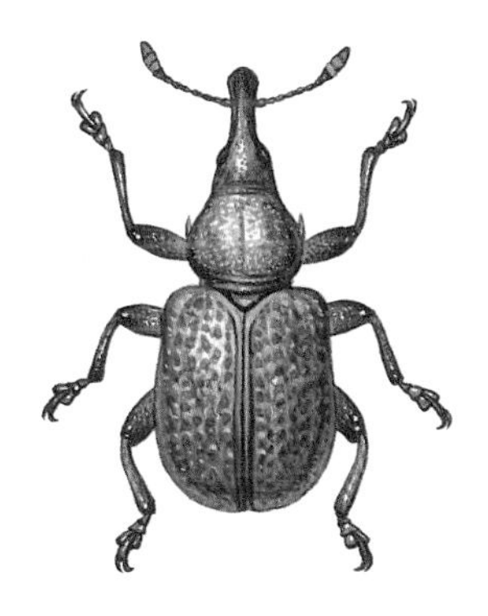

주둥이거위벌레아과
몸길이 5~8mm
나오는 때 5~6월
겨울나기 모름

황철거위벌레 *Byctiscus rugosus*

황철거위벌레는 온몸이 풀빛으로 반짝거린다. 하지만 때로는 붉은빛이 돌기도 한다. 딱지날개에는 홈이 잔뜩 파여 우둘투둘하다. 주둥이가 길쭉한데, 수컷 주둥이는 살짝 굽었다. 어른벌레는 황철나무, 자작나무, 사과나무, 단풍나무, 피나무 같은 나무에서 보인다. 짝짓기를 마친 암컷은 나뭇잎을 말아 그 속에 알을 낳는다.

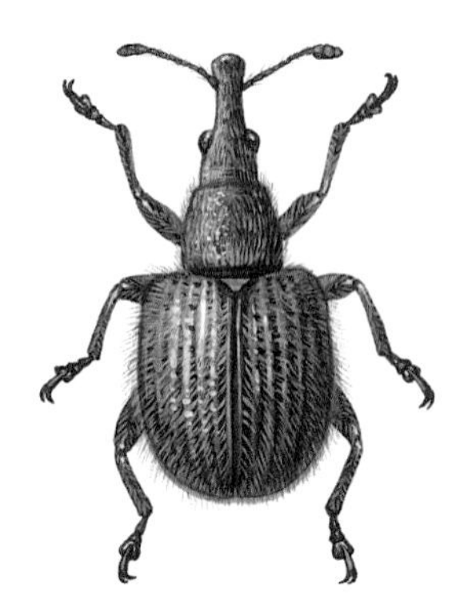

주둥이거위벌레아과
몸길이 5mm 안팎
나오는 때 5～8월
겨울나기 모름

댕댕이덩굴털거위벌레 *Mecorhis plumbea*

댕댕이덩굴털거위벌레는 몸이 까만데 햇빛을 받으면 푸르스름한 빛이 돌며 반짝거린다. 이름처럼 온몸에 허연 털이 잔뜩 나 있다. 주둥이는 머리와 앞가슴등판을 더한 길이보다 길다. 주둥이 가운데쯤에서 더듬이가 나온다. 어른벌레는 장미나 찔레나무, 해당화 같은 나무에서 볼 수 있다.

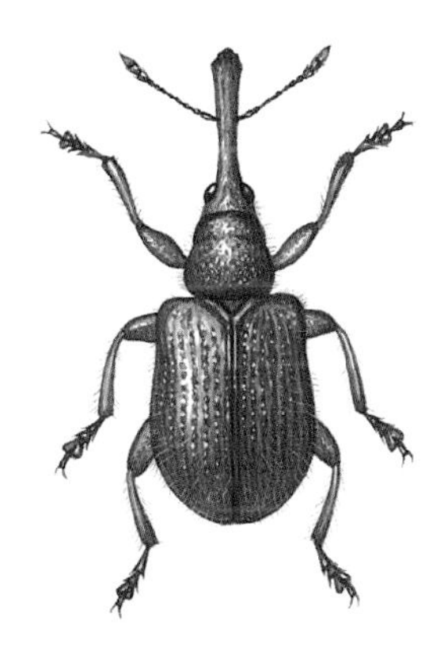

주둥이거위벌레아과
몸길이 5~8mm
나오는 때 5~6월
겨울나기 어른벌레

어리복숭아거위벌레 *Rhynchites foveipennis*

어리복숭아거위벌레는 몸이 불그스름한 빛이 도는 자주색으로 반짝거린다. 주둥이가 가늘고 길쭉하다. 온 나라 낮은 산이나 들판에서 산다. 사과나무, 배나무, 살구나무, 자두나무, 개복숭아나무, 복사나무 열매가 열리면 낮에 어른벌레가 날아온다. 짝짓기를 마친 암컷은 긴 주둥이로 열매에 구멍을 뚫고 그 안에 알을 낳는다. 알에서 나온 애벌레는 열매를 파먹고 큰다. 어른벌레로 겨울을 난다.

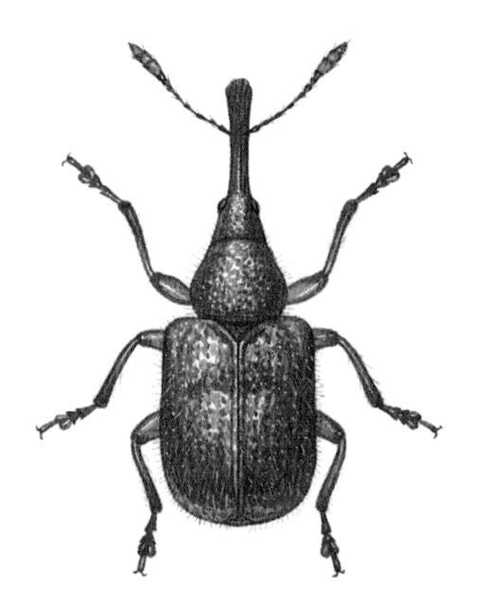

주둥이거위벌레아과
몸길이 7~10mm
나오는 때 4~6월
겨울나기 애벌레, 번데기

복숭아거위벌레 *Rhynchites heros*

복숭아거위벌레는 몸이 보랏빛이 도는 자주색으로 반짝거린다. 주둥이는 길고 앞으로 살짝 굽었다. 어른벌레는 4월부터 6월까지 볼 수 있다. 애벌레나 번데기로 겨울을 나고, 4~5월에 어른벌레로 날개돋이 해 나온다. 어른벌레는 복사나무, 매실나무, 자두나무, 배나무 같은 나무 어린눈과 잎, 꽃봉오리, 열매에 구멍을 내며 갉아 먹는다. 암컷은 긴 주둥이로 열매에 구멍을 뚫고 그 속에 알을 낳는다. 애벌레는 복숭아나 자두 같은 과일 속을 파먹고 산다. 한 해에 한 번 날개돋이 한다.

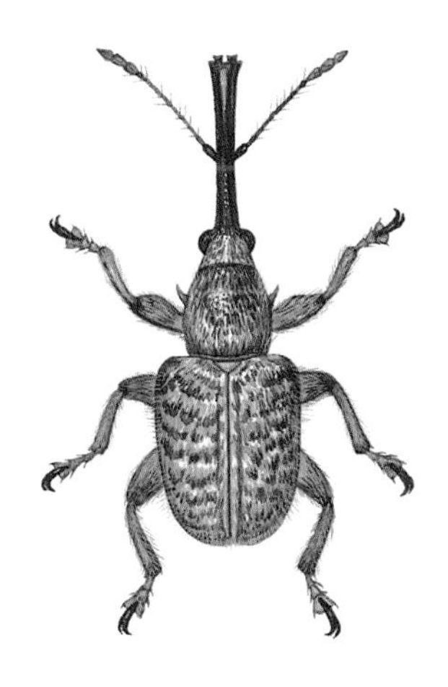

주둥이거위벌레아과
몸길이 8～10mm
나오는 때 6～9월
겨울나기 애벌레

도토리거위벌레 *Cyllorhynchites ursulus quercuphillus*

도토리거위벌레는 몸이 까맣고 온몸에 잿빛 털이 나 있다. 이름처럼 도토리가 열리는 참나무에서 산다. 6월부터 9월까지 중부와 남부 지방에서 볼 수 있는데, 8월에 가장 많다. 어른벌레는 도토리에 주둥이를 꽂고 물을 빨아 먹는다. 짝짓기를 마친 암컷은 긴 주둥이로 도토리에 구멍을 낸 뒤 그 속에 알을 낳는다. 그러고는 가지를 잘라 가지째 땅으로 떨어뜨린다. 애벌레는 도토리를 먹고 살다가 다 자라서 도토리 껍질을 뚫고 밖으로 나온다. 그리고 땅속으로 들어가 겨울을 난다.

수컷

암컷

목거위벌레아과
몸길이 6～10mm
나오는 때 5～9월
겨울나기 어른벌레

거위벌레 *Apoderus jekelii*

거위벌레는 이름처럼 수컷 머리가 거위처럼 길쭉하게 늘어났다. 머리는 까맣고 앞가슴등판과 배는 빨갛다. 딱지날개는 주홍색이고, 곰보처럼 자잘한 홈들이 세로로 9줄씩 파여 있다. 다리는 까만데, 허벅지 마디에 빨간 띠가 있는 거위벌레도 있다. 온 나라 낮은 산이나 들판에서 보인다. 오리나무나 박달나무, 자작나무, 개암나무, 상수리나무, 졸참나무, 밤나무 같은 여러 나뭇잎을 좋아한다. 한 해에 한 번 날개돋이 한다.

목거위벌레아과
몸길이 3~5mm
나오는 때 4~8월
겨울나기 번데기

북방거위벌레 *Compsapoderus erythropterus*

북방거위벌레는 온몸이 까맣게 반짝거린다. 딱지날개가 네모나고 넓적하다. 노랑배거위벌레와 생김새가 닮았지만, 북방거위벌레는 몸이 까맣고 배가 노랗지가 않다. 수컷 머리가 암컷보다 훨씬 길다. 온 나라 낮은 산에서 보인다. 짝짓기를 마친 암컷은 장미나 멍석딸기 같은 장미과 식물이나 싸리나무, 참나무 잎을 말아서 알집을 만들고 알을 낳는다. 애벌레는 알집 속에서 나뭇잎을 갉아 먹고 크다가 보름쯤 지나면 번데기가 된다. 그리고 4~5일 뒤에 어른벌레로 날개돋이 한다.

목거위벌레아과
몸길이 5～7mm
나오는 때 5～7월
겨울나기 모름

분홍거위벌레 *Leptapoderus rubidus*

분홍거위벌레는 이름처럼 온몸이 분홍빛을 띠며 반짝거린다. 딱지날개에는 홈이 파인 세로줄이 9개씩 있다. 더듬이 끝이 곤봉처럼 불룩하다. 온 나라 산에서 산다. 짝짓기를 마친 암컷은 물푸레나무나 고광나무, 여뀌 같은 식물 잎을 말아 올린다. 잎을 하나 말아 올리는데 세 시간쯤 걸린다고 한다. 애벌레는 그 속에서 잎을 갉아 먹으며 큰다. 다 자란 애벌레는 땅속으로 들어가 번데기가 된다.

목거위벌레아과
몸길이 5~7mm
나오는 때 5~9월
겨울나기 모름

어깨넓은거위벌레 *Paroplapoderus angulipennis*

어깨넓은거위벌레는 몸이 누런 밤색이다. 앞가슴등판 앞쪽과 딱지날개 가운데에는 까만 무늬가 있다. 딱지날개 앞쪽 양옆 모서리가 튀어나왔다. 딱지날개에 뒤쪽에는 커다란 돌기가 한 쌍 있다. 중부와 남부 지방 낮은 산이나 들판에서 산다. 짝짓기를 마친 암컷은 팽나무나 느릅나무, 느티나무 잎을 말아 올린 뒤 그 속에 알을 낳는다.

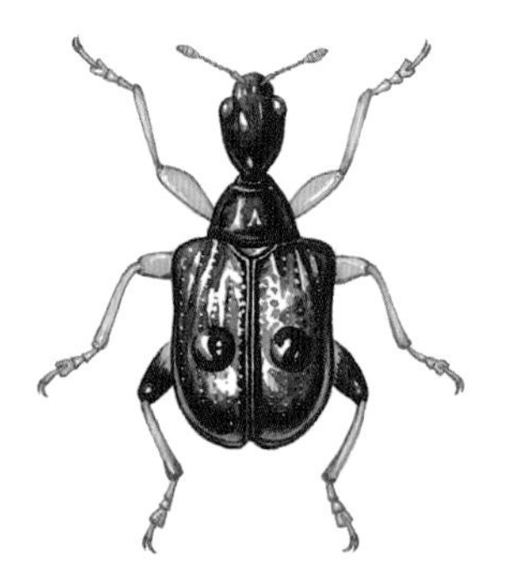

목거위벌레아과
몸길이 6mm 안팎
나오는 때 4~7월
겨울나기 모름

느릅나무혹거위벌레 *Phymatopoderus latipennis*

느릅나무혹거위벌레는 몸이 까맣게 반짝거린다. 딱지날개에는 혹처럼 돋은 돌기가 많다. 다리와 더듬이는 귤색이다. 뒷다리 허벅지마디에 까만 띠가 있다. 온 나라 산에서 산다. 짝짓기를 마친 암컷은 좀깨잎나무나 거북꼬리, 쐐기풀 같은 모시풀과 잎을 접어 올린 뒤 그 속에 알을 낳는다.

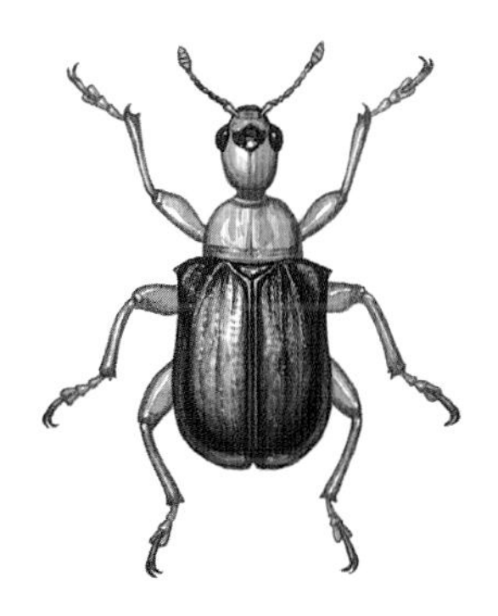

목거위벌레아과
몸길이 7mm 안팎
나오는 때 5~10월
겨울나기 모름

등빨간거위벌레 *Tomapoderus ruficollis*

등빨간거위벌레는 머리와 가슴이 주황색이다. 딱지날개는 파르스름한 빛이 나며 까맣게 반짝거린다. 딱지날개 앞쪽 양쪽 어깨에 작고 뾰족한 돌기가 있다. 온 나라 낮은 산이나 들판에서 산다. 짝짓기를 마친 암컷은 느릅나무나 느티나무 잎을 말아 올린다. 나뭇잎을 한쪽 반만 L자처럼 자른 뒤 원통처럼 말아 알집을 만든다. 알에서 나온 애벌레는 말아 놓은 잎 속을 갉아 먹는다.

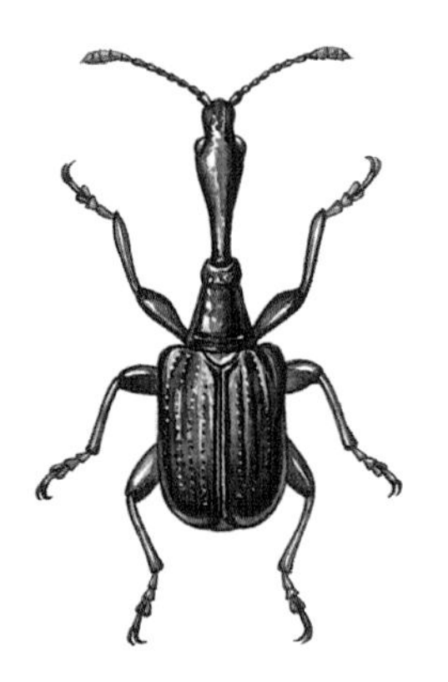

목거위벌레아과
몸길이 4mm 안팎
나오는 때 4~6월
겨울나기 모름

노랑배거위벌레 *Cycnotrachelodes cyanopterus*

노랑배거위벌레는 이름처럼 배가 노랗다. 몸은 까맣게 반짝거린다. 수컷이 암컷보다 앞가슴등판이 더 길다. 온 나라 낮은 산에서 산다. 짝짓기를 마친 암컷은 아까시나무나 싸리나무 잎을 말아 올린다. 하나 말아 올리는데 한두 시간쯤 걸린다. 위험을 느끼면 땅으로 툭 떨어지면서 날개를 펴고 날아간다. 밤에 가끔 불빛으로 날아오기도 한다.

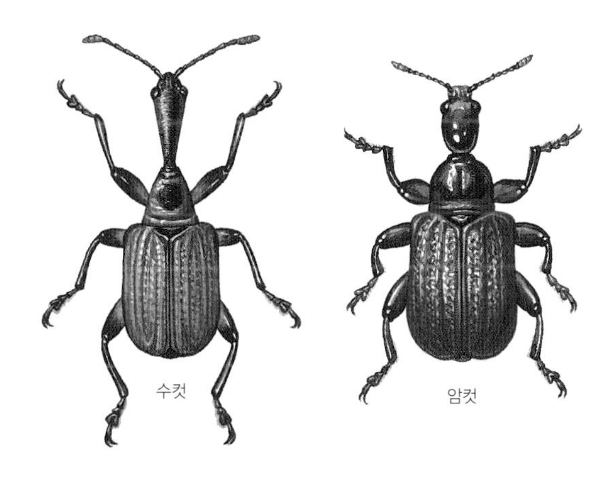

목거위벌레아과
몸길이 6~9mm
나오는 때 6~10월
겨울나기 어른벌레

사과거위벌레 *Morphocorynus nigricollis*

사과거위벌레는 몸이 붉은 밤색으로 반짝거린다. 산에서 볼 수 있다. 어른벌레로 겨울을 나고 6월에 나온다. 여러 가지 벚나무나 사과나무, 밤나무 잎을 갉아 먹어 구멍을 낸다. 짝짓기를 마친 암컷은 잎 가운데를 큰턱으로 반쯤 자른 뒤 끝부터 원통으로 말아 올린 뒤 그 속에 알을 낳는다. 알에서 나온 애벌레는 잎 속을 갉아 먹고 큰다. 그리고 가을에 번데기가 된 뒤 어른벌레로 날개돋이 한다. 한 해에 한 번 날개돋이 한다.

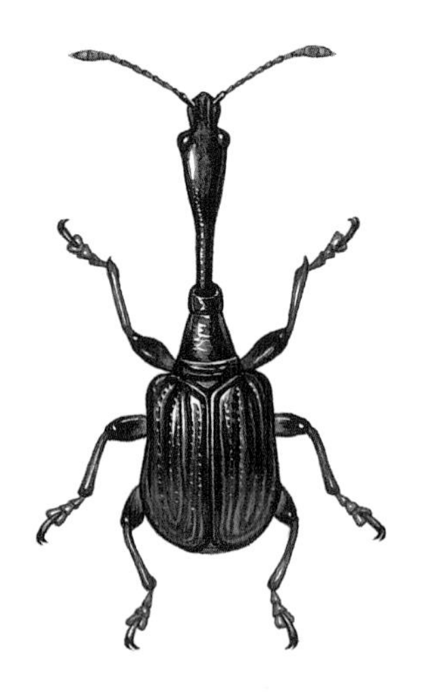

목거위벌레아과
몸길이 8～12mm
나오는 때 4～8월
겨울나기 애벌레

왕거위벌레 *Paracycnotrachelus chinensis*

왕거위벌레는 거위벌레 무리 가운데 가장 흔하게 볼 수 있다. 또 이름처럼 거위벌레 가운데 몸이 가장 크다. 암컷은 뒷머리 길이가 짧아서 몸길이도 짧다. 둘 다 색깔은 붉은 밤색인데 조금 옅은 것도 있고 아주 짙어서 검붉은 밤색인 것도 있다. 머리나 가슴이나 다리가 붉은 것도 있고 까만 것도 있다. 온 나라 낮은 산에서 살면서 참나무 잎을 많이 갉아 먹는다. 짝짓기를 마친 암컷은 참나무, 밤나무, 오리나무, 자작나무 잎을 말아 올린다.

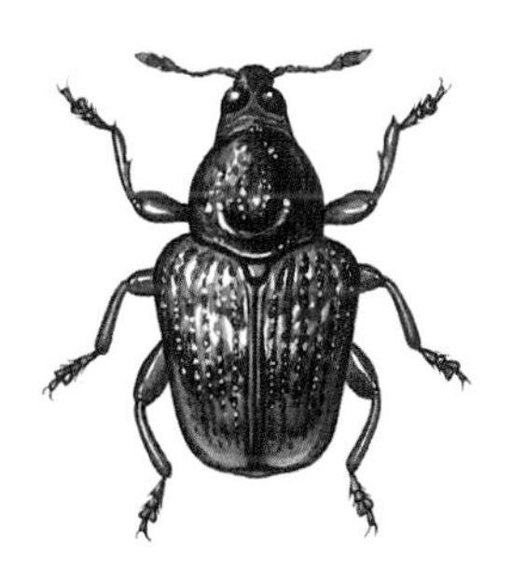

거위벌레아과
몸길이 2~3mm
나오는 때 4~8월
겨울나기 어른벌레

싸리남색거위벌레 *Euops lespedezae koreanus*

싸리남색거위벌레는 머리가 길지 않다. 온몸이 파랗고 반짝거린다. 앞가슴등판에 작은 점무늬가 많다. 딱지날개에는 홈이 파여 세로줄이 나 있다. 앞다리가 길고, 허벅지마디는 알통처럼 툭 불거졌다. 온 나라 산이나 숲 가장자리에서 산다. 짝짓기를 마친 암컷은 졸참나무나 물참나무, 여러 가지 싸리나무 잎을 갉아 먹는다.

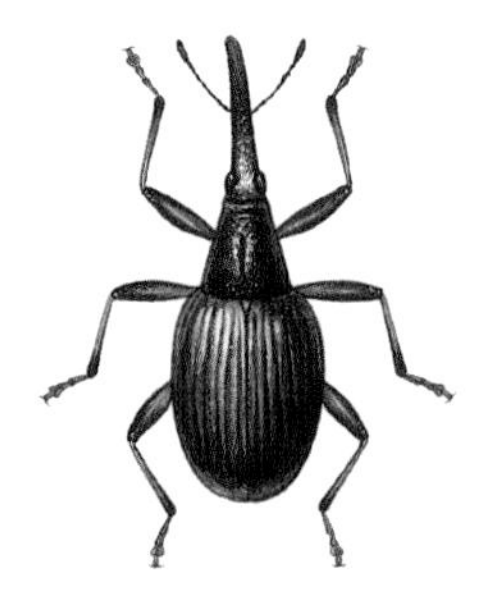

창주둥이바구미아과
몸길이 주둥이 빼고 2mm 안팎
나오는 때 5~10월
겨울나기 모름

목창주둥이바구미 *Pseudopiezotrachelus collaris*

목창주둥이바구미는 몸이 까맣게 반짝거린다. 주둥이는 길쭉하다. 콩이나 팥, 녹두에서 많이 볼 수 있다.

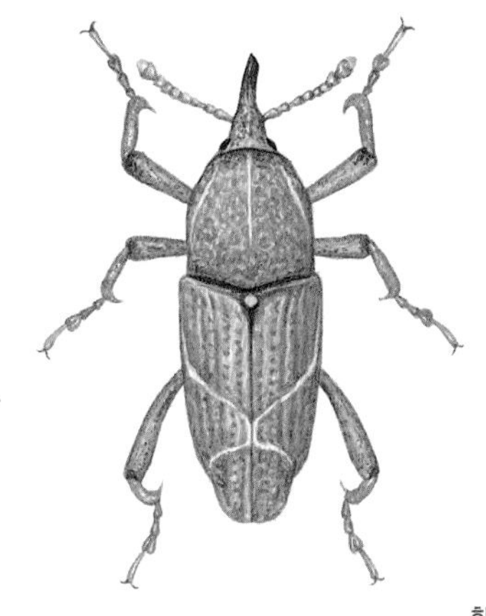

흰줄왕바구미아과
몸길이 주둥이 빼고 9~15mm
나오는 때 5～9월
겨울나기 모름

흰줄왕바구미 *Cryptoderma fortunei*

흰줄왕바구미는 이름처럼 앞가슴등판과 딱지날개에 하얀 줄무늬가 있어서 왕바구미와 다르다. 온몸에 밤색 가루가 덮여 있는데, 오래되면 가루가 벗겨진다. 더듬이는 주둥이 앞쪽에 있는데 L자처럼 굽지 않 않고 쭉 뻗는다. 온 나라 낮은 산이나 들판에서 보인다. 참나무에 흐르는 나뭇진에서 볼 수 있다. 밤에 불빛으로 날아오기도 한다.

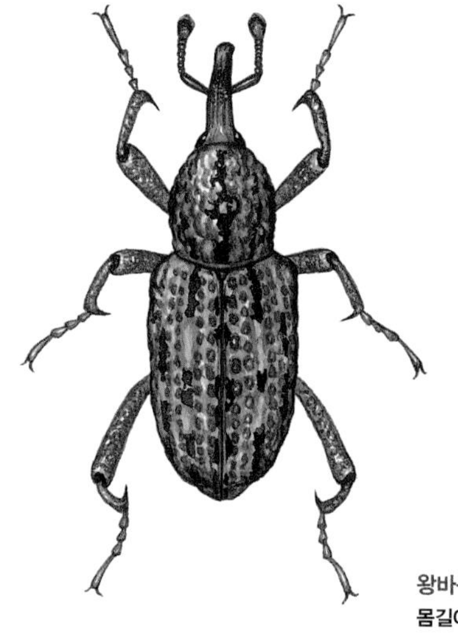

왕바구미아과
몸길이 주둥이 빼고
15～29mm
나오는 때 5～9월
겨울나기 어른벌레

왕바구미 *Sipalinus gigas*

왕바구미는 이름처럼 우리나라 바구미 가운데 몸집이 가장 크다. 온몸은 까맣고, 누런 가루가 덮여 있다. 오래되면 가루가 벗겨진다. 앞가슴등판과 딱지날개에 까만 세로 줄무늬가 있다. 온 나라 낮은 산에서 산다. 어른벌레는 6~7월에 가장 많이 보인다. 소나무, 잣나무, 삼나무, 밤나무, 참나무, 버드나무 같은 나무에서 산다. 나무에 흐르는 나뭇진이나 베어 낸 소나무 더미에 잘 모인다. 밤에 불빛으로 날아오기도 한다. 한 해에 한 번 날개돋이 한다.

참왕바구미아과
몸길이 주둥이 빼고 2~3mm
나오는 때 한 해 내내
겨울나기 모름

어리쌀바구미 *Sitophilus zeamais*

어리쌀바구미는 수컷 주둥이가 짧고 뭉툭하며, 등이 거칠어 보인다. 암컷은 주둥이가 가늘고 길며 등이 반질반질하다. 딱지날개에 노르스름한 점이 네 개 있다. 갈무리해 둔 쌀이나 보리, 밀, 수수, 옥수수에 꼬인다. 쌀 알갱이보다 작다. 쌀통 속에서 기어 다니면서 낟알을 갉아 먹고, 낟알 속에 알을 낳는다. 어른벌레는 석 달에서 넉 달을 살면서 알을 백 개가 넘게 낳는다. 그대로 두면 쌀통 속에서 어른벌레가 거듭 태어나면서 수가 늘어난다. 무더운 여름에는 수가 더 늘어난다.

소바구미아과
몸길이 주둥이 빼고 5～10mm
나오는 때 6～8월
겨울나기 모름

북방길쭉소바구미 *Ozotomerus japonicus laferi*

북방길쭉소바구미는 몸이 까맣고, 허연 털이 나 있다. 주둥이는 짧고 넓적하다. 딱지날개 가운데에 거꾸로 된 심장꼴 무늬가 있다. 수컷은 더듬이 끝 네 번째 마디가 불룩하게 부풀었는데, 암컷은 밋밋하다. 낮은 산에서 볼 수 있다.

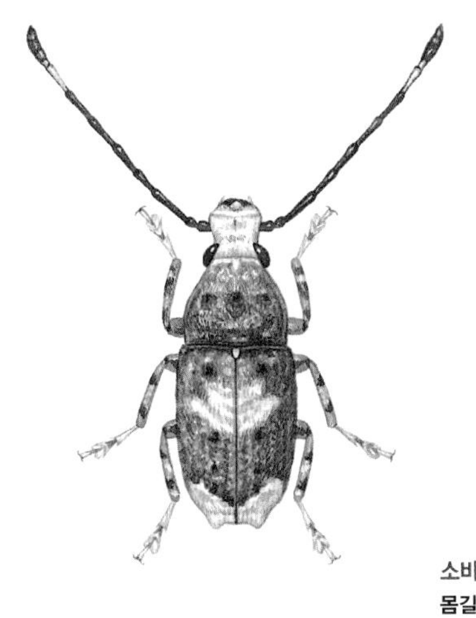

소바구미아과
몸길이 주둥이 빼고 6~10mm
나오는 때 6~8월
겨울나기 모름

우리흰별소바구미 *Platystomos sellatus longicrus*

우리흰별소바구미는 머리가 하얗고, 몸이 밤색이다. 딱지날개에 하얀 무늬가 있다. 더듬이가 제 몸길이보다도 더 길다. 수컷 더듬이가 암컷보다 길다. 온 나라 낮은 산에서 볼 수 있다. 어른벌레가 죽은 나뭇가지에 붙어 있는 모습을 볼 수 있다. 밤에 불빛으로 날아오기도 한다.

소바구미아과
몸길이 주둥이 빼고 5mm 안팎
나오는 때 5~9월
겨울나기 모름

줄무늬소바구미 *Sintor dorsalis*

줄무늬소바구미는 앞가슴등판과 딱지날개에 검은 八자 무늬가 있다. 딱지날개 뒤쪽에는 까만 무늬가 2개 있다. 수컷 더듬이가 암컷보다 더 길다. 몸은 까맣고 밤색 털로 덮여 있다. 온 나라 낮은 산이나 들판에서 볼 수 있다. 애벌레로 50일쯤 살다가 어른벌레로 날개돋이 한다.

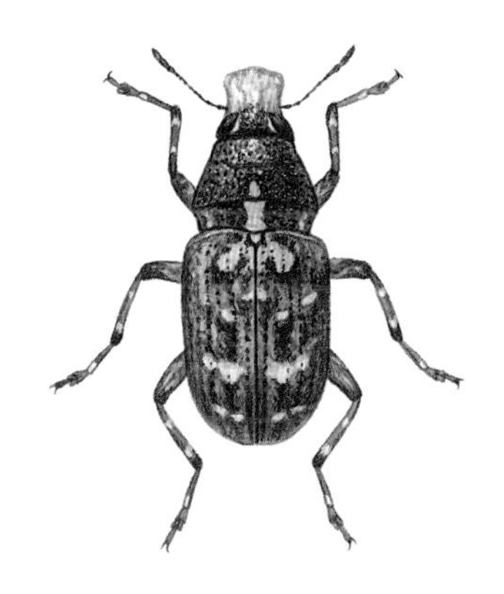

소바구미아과
몸길이 주둥이 빼고 4~8mm
나오는 때 5~10월
겨울나기 모름

회떡소바구미 *Sphinctotropis laxus*

회떡소바구미는 딱지날개 앞쪽에 八자처럼 생긴 무늬가 있다. 몸은 까맣고 허연 털로 덮여 있다. 주둥이는 넓적하고 하얀 털로 덮여 있다. 더듬이는 실처럼 길쭉하다. 더듬이 끝 네 마디는 곤봉처럼 불룩하다. 온 나라 낮은 산이나 들판에서 산다. 죽은 넓은잎나무 둥치에 돋은 버섯을 먹고 산다. 애벌레도 버섯을 파먹으며 산다. 그리고 그 속에서 번데기가 된다. 애벌레는 50일쯤 지나면 번데기를 거쳐 어른벌레로 날개돋이 한다.

소바구미아과
몸길이 주둥이 빼고 3～7mm
나오는 때 5～9월
겨울나기 모름

소바구미 *Exechesops leucopis*

소바구미는 몸이 누런 밤색 털로 덮여 있다. 머리는 하얀 털로 덮여 있다. 딱지날개에 까만 점이 흩어져 있다. 더듬이는 실처럼 길쭉한데, 수컷이 훨씬 더 길다. 짝짓기를 마친 암컷은 때죽나무 열매 속에 알을 낳는다. 애벌레는 때죽나무 열매 속을 갉아 먹으며 큰다.

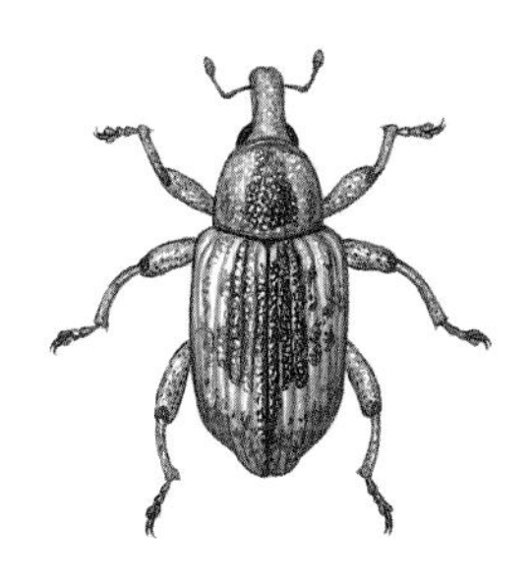

벼바구미아과
몸길이 주둥이 빼고
3mm 안팎
나오는 때 5～8월
겨울나기 어른벌레

벼물바구미 *Lissorhoptrus oryzophilus*

벼물바구미는 이름처럼 벼를 갉아 먹는다. 한 해에 한 번 날개돋이 한다. 애벌레는 벼 뿌리를 갉아 먹고, 어른벌레는 벼 잎을 갉아 먹는다. 개밀이나 새, 띠 같은 사초과 식물과 방동사니, 물달개비 같은 잎도 갉아 먹는다. 날씨가 추워지면 논둑이나 물둑 풀밭이나 땅속에서 어른벌레로 겨울을 난다. 5월 말쯤에 나와 논으로 날아와 물속과 물 위를 오가면서 벼 잎을 갉아 먹는다. 암컷은 물속에 잠긴 벼 잎집 속에 알을 60~100개쯤 낳는다. 1980년대에 우리나라에 들어온 곤충이다.

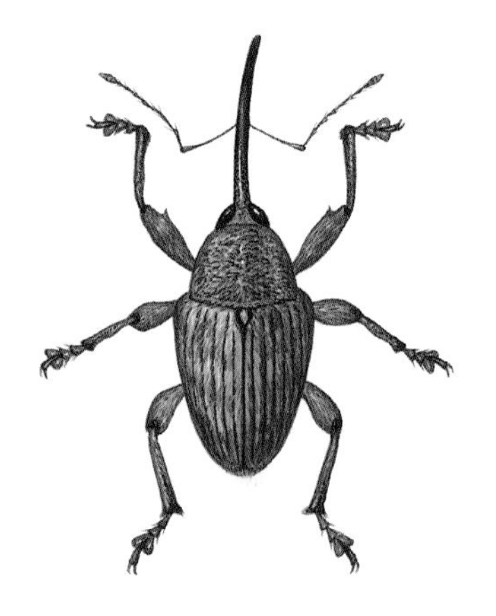

밤바구미아과
몸길이 주둥이 빼고 7~8mm
나오는 때 5~8월
겨울나기 모름

닮은밤바구미 *Curculio conjugalis*

닮은밤바구미는 온몸이 짙은 밤색이다. 주둥이가 길쭉하고 곧게 뻗다가 끝에서 구부러진다. 주둥이 가운데쯤에 더듬이가 있다. 앞가슴등판 가운데와 양쪽에 세로 줄무늬가 3줄 있다. 딱지날개에는 누런 털이 나 있어 얼룩덜룩하다. 제법 높은 산 참나무에서 보인다.

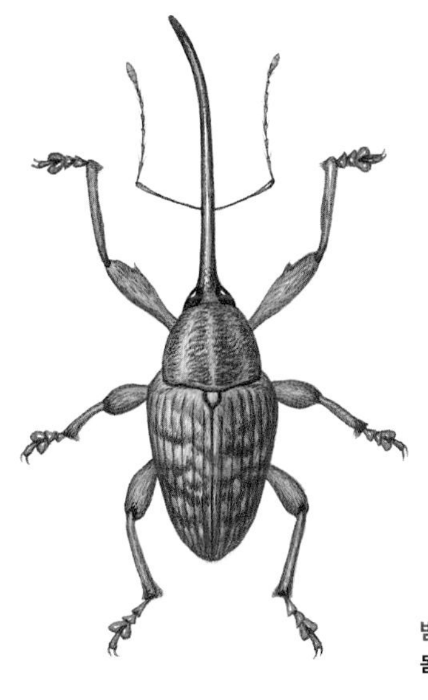

밤바구미아과
몸길이 주둥이 빼고 6~15mm
나오는 때 4~10월
겨울나기 애벌레

도토리밤바구미 *Curculio dentipes*

도토리밤바구미는 요즘까지 밤바구미와 같은 종으로 여겼다. 도토리밤바구미는 딱지날개에 드문드문 밤색 점무늬가 나 있다. 온 나라 숲에서 볼 수 있다. 참나무나 밤나무 새순이나 잎을 갉아 먹는다. 가을에 짝짓기를 마친 암컷은 도토리나 밤에 긴 주둥이로 구멍을 뚫고 알을 낳는다. 애벌레는 도토리나 밤 속을 파먹고 크다가 겨울을 난다. 다 자란 애벌레는 땅속으로 들어간 뒤 번데기가 된다. 그리고 4월에 어른벌레로 날개돋이 한다.

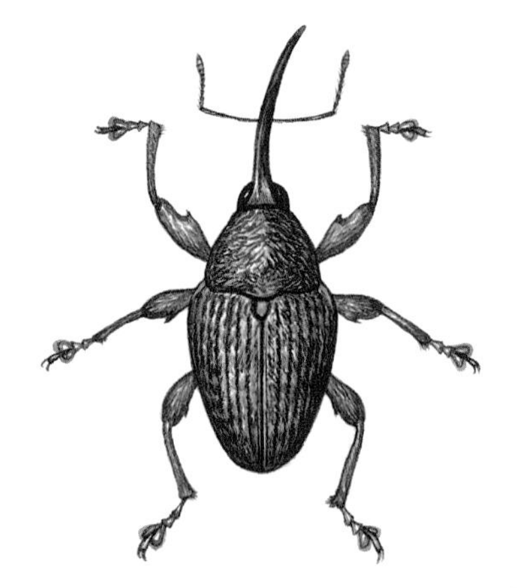

밤바구미아과
몸길이 주둥이 빼고 7mm 안팎
나오는 때 5~9월
겨울나기 모름

개암밤바구미 *Curculio dieckmanni*

개암밤바구미는 딱지날개가 잿빛이지만 누런 털로 덮이고 검은 점이 있어 얼룩덜룩하다. 작은방패판 앞쪽 앞가슴등판에는 노란 털로 된 삼각형 무늬가 있다. 주둥이는 길쭉하고 더듬이는 주둥이 가운데쯤에서 ㄴ자처럼 꺾어졌다. 어른벌레는 개암나무나 물개암나무에서 볼 수 있다. 애벌레는 신갈나무, 개암나무, 다릅나무 열매 속을 파먹는다고 한다.

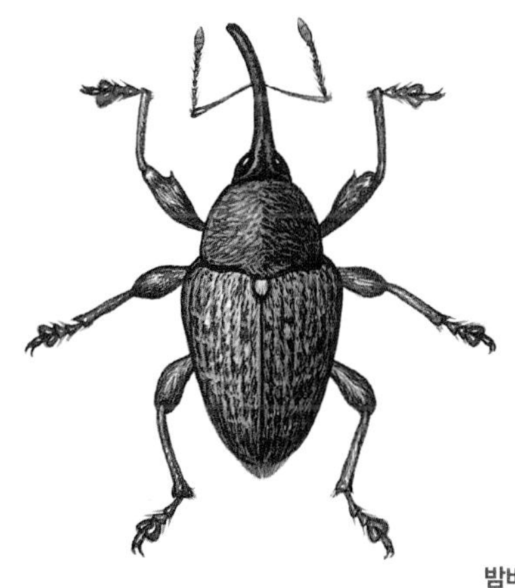

밤바구미아과
몸길이 주둥이 빼고 5~8mm
나오는 때 7~9월
겨울나기 애벌레

검정밤바구미 *Curculio distinguendus*

검정밤바구미는 이름처럼 온몸이 까맣고, 누런 털이 나 있다. 작은방패판은 노랗다. 딱지날개에는 허연 점들이 자글자글 나 있다. 제주도를 포함한 온 나라 낮은 산이나 들판에서 산다. 밤나무나 상수리나무에서 보인다. 짝짓기를 마친 암컷은 밤이나 도토리, 개암나무 열매나 다릅나무 꼬투리에 긴 주둥이로 구멍을 뚫고 알을 낳는다. 알에서 나온 애벌레는 열매 속에 살면서 속을 파먹는다. 애벌레로 겨울을 난다.

밤바구미아과
몸길이 주둥이 빼고 3mm 안팎
나오는 때 4～7월
겨울나기 모름

알락밤바구미 *Curculio flavidorsum*

알락밤바구미는 몸이 검은 밤색이다. 주둥이는 길쭉하고 끄트머리에서 굽는다. 더듬이는 주둥이 가운데쯤에서 ㄴ자처럼 굽는다. 딱지날개는 하얗고, 노랗고, 누런 비늘로 덮여 있어 얼룩덜룩하다. 앞가슴등판은 누렇다.

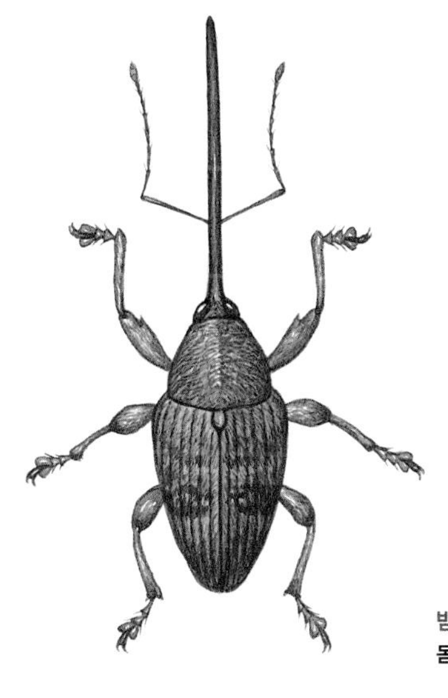

밤바구미아과
몸길이 주둥이 빼고 6~10mm
나오는 때 8~9월
겨울나기 애벌레

밤바구미 *Curculio sikkimensis*

밤바구미는 주둥이가 아주 가늘고 길어서 5mm쯤 된다. 온몸이 비늘처럼 생긴 털로 빽빽하게 덮여 있다. 잿빛이 나는 노란 털인데 짙은 밤색 털이 섞여 있어서 무늬처럼 보인다. 8월 중순부터 9월 중순 사이에 가장 많이 볼 수 있다. 어른벌레는 15~23일쯤 산다. 밤을 거두기 20일쯤 전부터 밤 속에 알을 낳는다. 애벌레는 밤 속에서 한 달쯤 살고 밖으로 나와 땅속으로 들어가 겨울을 난다. 이듬해 7월에 번데기가 되었다가 여름에서 가을 사이에 어른벌레가 되어 땅 위로 올라온다.

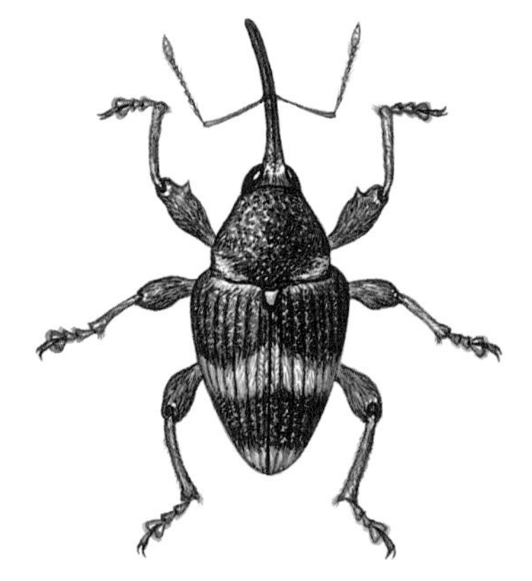

밤바구미아과
몸길이 주둥이 빼고 6mm 안팎
나오는 때 4~7월
겨울나기 모름

흰띠밤바구미 *Curculio styracis*

흰띠밤바구미는 몸이 까만데 이름처럼 딱지날개에 하얀 띠무늬가 가로로 한 줄 나 있다. 주둥이는 길쭉하고 가운데쯤에 더듬이가 ㄴ자처럼 나 있다. 어른벌레가 때죽나무 열매에 알을 낳는다고 한다.

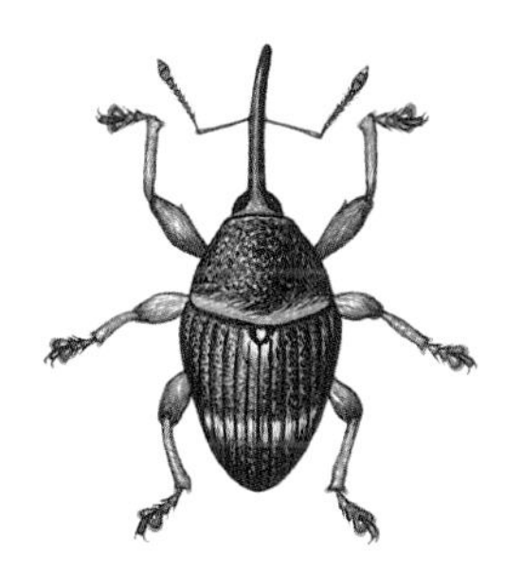

밤바구미아과
몸길이 주둥이 빼고 3mm 안팎
나오는 때 5~8월
겨울나기 모름

어리밤바구미 *Labaninus confluens*

어리밤바구미는 온몸이 까맣다. 주둥이는 길고 가운데에 더듬이가 나 있다. 앞가슴등판 아래쪽 가장자리를 따라 하얀 무늬가 있다. 딱지날개 가운데에는 하얀 가로 띠무늬가 있다. 작은방패판 둘레에도 하얀 무늬가 있다.

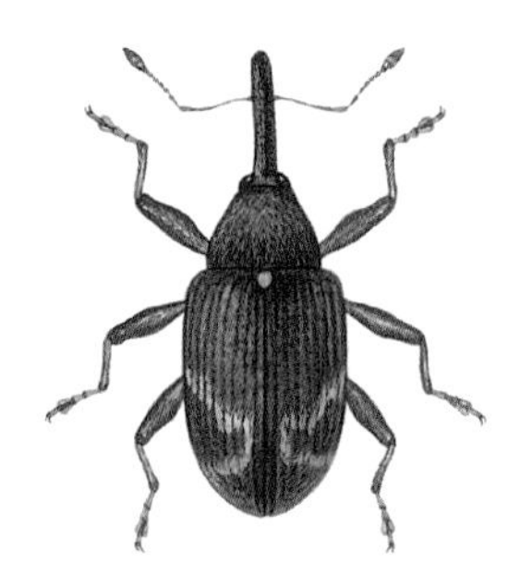

밤바구미아과
몸길이 주둥이 빼고 3mm 안팎
나오는 때 4～7월
겨울나기 모름

딸기꽃바구미 *Anthonomus bisignifer*

딸기꽃바구미는 머리와 주둥이, 앞가슴등판은 검은 밤색이거나 까맣다. 딱지날개는 불그스름한 밤색이고 양 뒤쪽에 하얀 테두리가 있는 까만 무늬가 동그랗게 나 있다. 주둥이는 머리와 앞가슴등판 길이를 더한 길이보다 살짝 더 길다. 더듬이는 주둥이 앞쪽에 ㄴ자처럼 나 있다. 작은방패판에 하얀 비늘이 덮여 있다. 이름처럼 딸기에서도 보이지만 나무딸기나 찔레나무 같은 장미과 식물에서 더 많이 보인다.

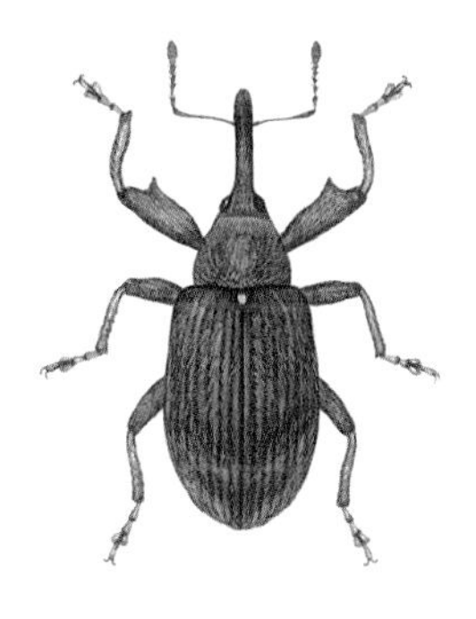

밤바구미아과
몸길이 주둥이 빼고 3mm 안팎
나오는 때 6～7월
겨울나기 어른벌레

배꽃바구미 *Anthonomus pomorum*

배꽃바구미는 딱지날개에 잿빛 띠가 있다. 앞다리 허벅지마디는 다른 다리보다 훨씬 두툼하다. 어른벌레로 겨울을 나고 4월에 나와 짝짓기를 한다. 짝짓기를 마친 암컷은 배나무나 사과나무 꽃봉오리에 구멍을 뚫고 그 속에 알을 낳는다. 일주일쯤 지나 알에서 애벌레가 나와 꽃을 갉아 먹는다. 5월부터 번데기가 되어 6~7월에 어른벌레가 나온다. 어른벌레는 잎 뒤에 모여 잎을 갉아 먹는다.

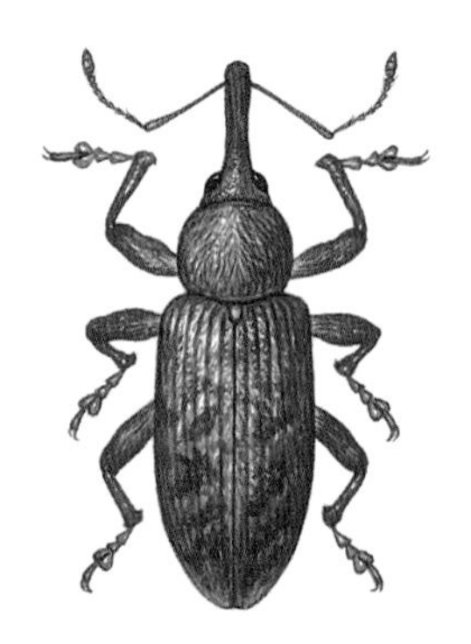

밤바구미아과
몸길이 주둥이 빼고 4~6mm
나오는 때 5~9월
겨울나기 모름

붉은버들벼바구미 *Dorytomus roelofsi*

붉은버들벼바구미는 몸이 누런 밤색이거나 붉은 밤색인데 드문드문 털과 점이 나 있다. 딱지날개는 거무스름한 밤빛인데, 딱지날개가 맞붙는 곳은 색깔이 더 밝다. 주둥이는 길쭉하고 끄트머리가 앞으로 굽는다. 더듬이는 주둥이 끝 쪽에 나 있다. 모든 허벅지마디는 곤봉처럼 불룩하다. 어른벌레는 버드나무 꽃눈에 알을 낳는다.

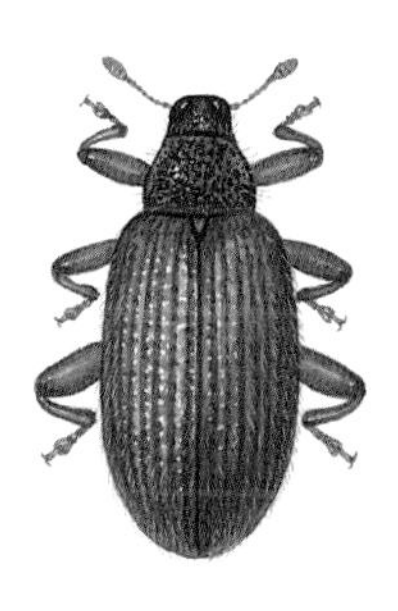

밤바구미아과
몸길이 3mm 안팎
나오는 때 4~6월
겨울나기 어른벌레

느티나무벼룩바구미 *Orchestes sanguinipes*

느티나무벼룩바구미는 뒷다리가 아주 커서 벼룩처럼 톡톡 뛰어 다닌다. 몸빛은 여러 가지인데 몸이 검고 더듬이와 다리가 붉은 밤색을 많이 띤다. 앞가슴등판과 딱지날개에 아무 무늬가 없다. 온몸에는 잿빛 털이 잔뜩 나 있다. 어른벌레로 겨울을 난다. 4월부터 나와 주둥이로 느티나무와 비술나무 잎에 구멍을 뚫고 물을 빨아 먹는다. 암컷은 잎 뒷면 주맥 속에 알을 낳는다. 애벌레는 잎에 굴을 파고 다니며 속살을 갉아 먹는다. 그리고 5월에 어른벌레로 날개돋이 한다.

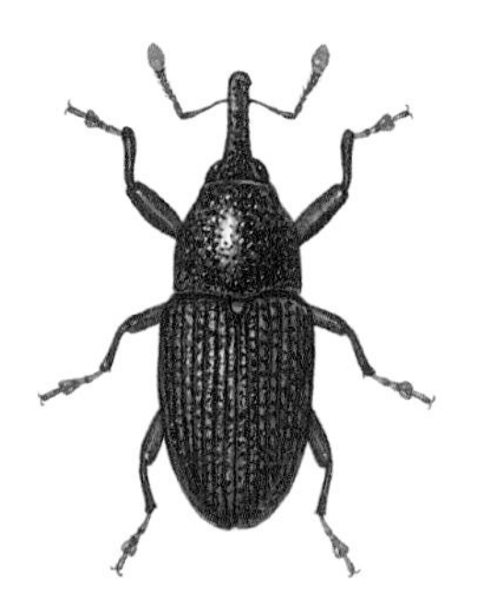

애바구미아과
몸길이 주둥이 빼고 3mm 안팎
나오는 때 모름
겨울나기 모름

쑥애바구미 *Baris ezoana*

쑥애바구미는 온몸이 까맣다. 주둥이는 길게 늘어났고 아래로 굽는다. 더듬이는 주둥이 가운데쯤에서 나온다. 딱지날개는 홈이 파여 세로줄이 나 있다. 이름처럼 쑥에서 볼 수 있다. 애바구미 무리는 우리나라에 5종이 알려졌다. 하지만 생김새가 다 비슷해서 구별하기가 쉽지 않다.

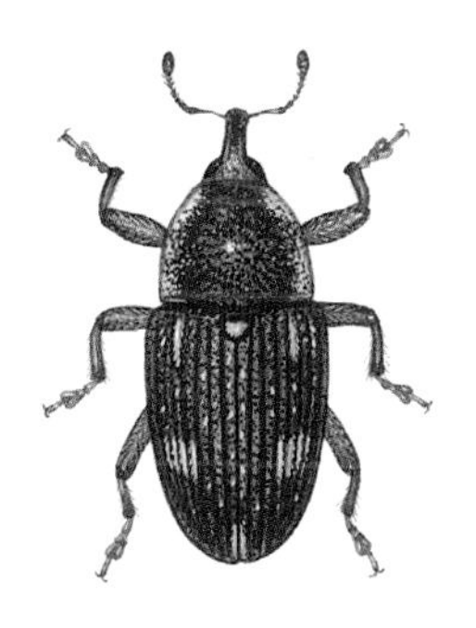

애바구미아과
몸길이 주둥이 빼고 5mm 안팎
나오는 때 5~9월
겨울나기 모름

흰점박이꽃바구미 *Anthinobaris dispilota*

흰점박이꽃바구미는 온몸이 까맣다. 딱지날개에 하얗거나 노란 무늬가 있다. 주둥이는 갈고리처럼 아래로 심하게 구부러졌다. 온 나라 낮은 산 풀밭에서 산다. 여러 가지 꽃에 날아와 꽃가루를 먹는다. 애벌레는 죽은 나뭇가지나 살아 있는 나무에서도 산다.

좁쌀바구미아과
몸길이 주둥이 빼고 3mm 안팎
나오는 때 5~9월
겨울나기 모름

환삼덩굴좁쌀바구미 *Cardipennis shaowuensis*

환삼덩굴좁쌀바구미는 이름처럼 좁쌀만큼 작고 앞가슴등판 가운데와 옆에 하얀 무늬가 가늘게 나 있다. 딱지날개가 맞붙는 곳도 하얗다. 환삼덩굴에서 많이 보인다.

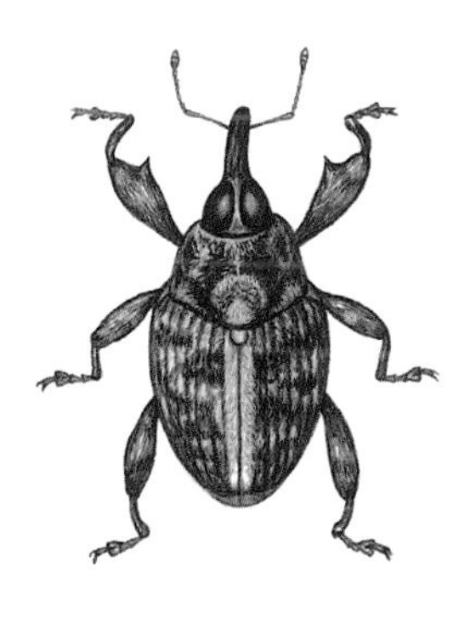

거미바구미아과
몸길이 주둥이 빼고 4mm 안팎
나오는 때 5~7월
겨울나기 어른벌레

금수바구미 *Metialma cordata*

금수바구미는 온몸이 까만데 누런 털이 잔뜩 나 있어 얼룩덜룩하다. 눈이 아주 크고 서로 가까이 붙어 있다. 작은방패판 앞쪽에는 누런 털이 뭉쳐 나 있다. 산속 풀밭에서 보인다. 나무껍질 밑에서 어른벌레로 겨울을 난다고 한다.

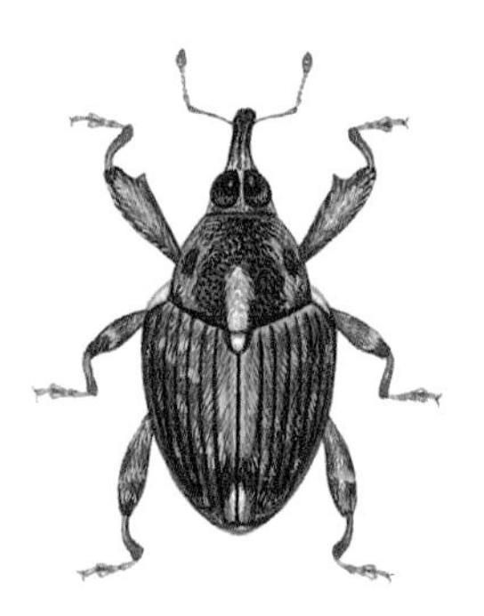

거미바구미아과
몸길이 주둥이 빼고 4mm 안팎
나오는 때 5～8월
겨울나기 모름

거미바구미 *Metialma signifera*

거미바구미는 생김새가 금수바구미와 닮았다. 금수바구미처럼 눈이 크고 가까이 붙어 있다. 온몸은 까만데 누런 털이 나 있어서 얼룩덜룩하다. 금수바구미와 달리 작은방패판 뒤쪽에 하얀 털이 나 있다. 주둥이는 두툼하고 길쭉하게 아래로 굽는다.

버들바구미아과
몸길이 주둥이 빼고 8mm 안팎
나오는 때 4~8월
겨울나기 알

버들바구미 *Cryptorhynchus lapathi*

버들바구미는 몸이 검은 밤색이다. 앞가슴등판과 딱지날개 앞쪽에 돌기가 튀어나왔다. 딱지날개는 울퉁불퉁하다. 알로 겨울을 나고 4월쯤에 애벌레가 나온다. 알에서 나온 애벌레는 나무껍질 밑을 파고 들어가 갉아 먹는다. 40일쯤 지나 줄기 속으로 굴을 파고 들어가 번데기 방을 만들고 번데기가 된다. 7~8월에 어른벌레가 된다. 어른벌레는 포플러 나뭇가지를 갉아 나무즙을 빨아 먹는다. 어른벌레로 30일쯤 산다. 짝짓기를 마친 암컷은 나뭇가지 속에 알을 낳는다.

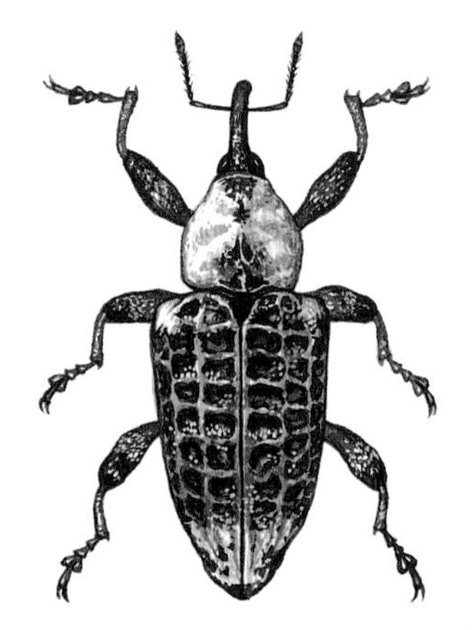

버들바구미아과
몸길이 주둥이 빼고 11mm 안팎
나오는 때 4~11월
겨울나기 어른벌레

극동버들바구미 *Eucryptorrhynchus brandti*

극동버들바구미는 배자바구미처럼 몸에 까만색과 하얀 색이 섞여 있다. 꼭 새똥을 닮아서 천적 눈을 속인다. 또 위험을 느끼면 땅으로 뚝 떨어져 죽은 척한다. 배자바구미와 닮았지만 극동버들바구미는 앞가슴등판이 모두 하얘서 다르다. 또 극동버들바구미는 몸이 더 날씬하다. 온 나라 낮은 산이나 들판에서 보인다. 가죽나무에서 지내며 짝짓기를 한 암컷은 가죽나무 껍질에 알을 낳는다. 애벌레는 나무속을 파먹고 크다가 7월쯤 어른벌레로 날개돋이 한다.

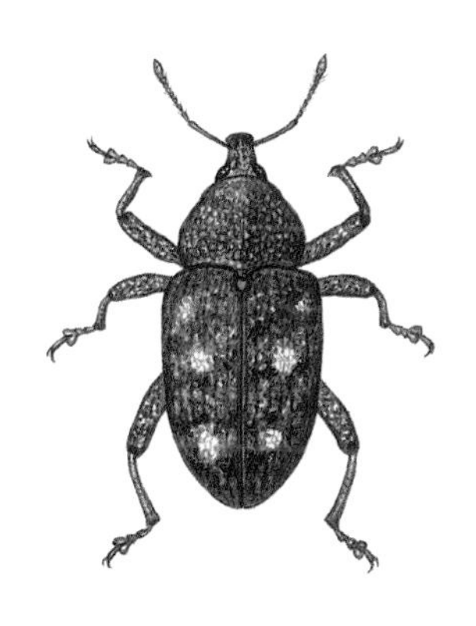

버들바구미아과
몸길이 주둥이 빼고 4~8mm
나오는 때 5~8월
겨울나기 모름

솔흰점박이바구미 *Shirahoshizo rufescens*

솔흰점박이바구미는 이름처럼 딱지날개에 하얀 점이 4개 있다. 온몸은 붉은 밤색이다. 흰점박이바구미와 생김새가 거의 똑같다. 온 나라 산에서 볼 수 있다. 어른벌레는 나무껍질 속을 갉아 먹는다.

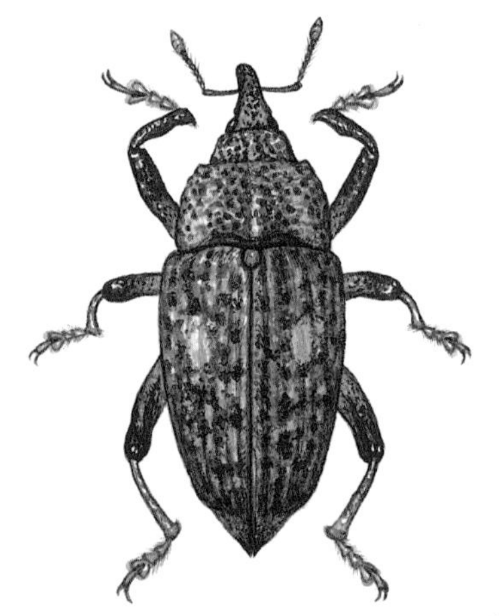

버들바구미아과
몸길이 주둥이 빼고 10～15mm
나오는 때 6～10월
겨울나기 모름

큰점박이바구미 *Syrotelus septentrionalis*

큰점박이바구미는 몸이 검은 밤색인데 누렇고 검은 털들이 얼룩덜룩 나 있다. 딱지날개에는 크고 작은 홈이 파여 울퉁불퉁하고, 날개 끝이 뾰족하다. 산에 자라는 나무에서 보인다. 어른벌레는 여러 가지 참나무나 자작나무에서 자주 보인다고 한다.

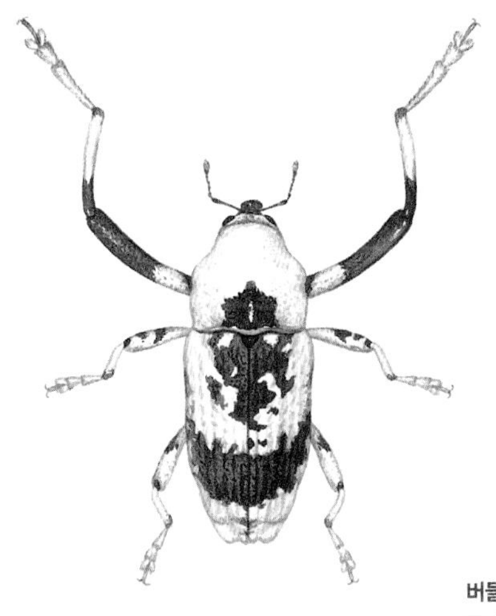

버들바구미아과
몸길이 9mm 안팎
나오는 때 5~7월
겨울나기 어른벌레

흰가슴바구미 *Gasterocercus tamanukii*

흰가슴바구미는 이름처럼 앞가슴과 딱지날개가 하얗고 까만 무늬가 얼룩덜룩 나 있다. 극동버들바구미나 배자바구미처럼 몸에 검고 하얀 무늬가 어우러져 꼭 새똥처럼 보인다. 수컷은 앞다리가 아주 길다. 온 나라 들판에서 볼 수 있다. 어른벌레는 나무에 수십 마리씩 무리 지어 지낸다. 어른벌레로 겨울을 난다.

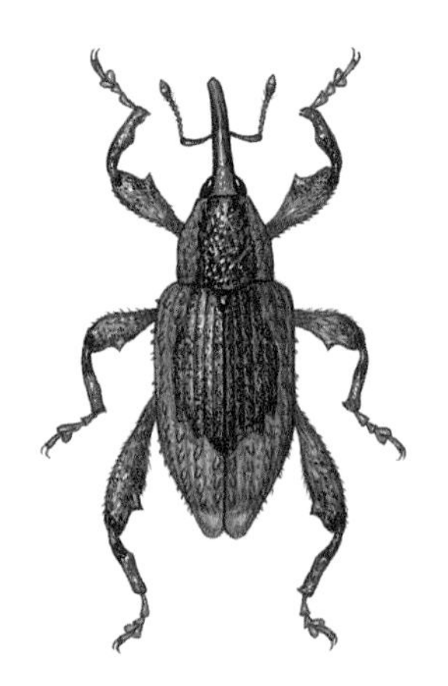

참바구미아과
몸길이 주둥이 빼고 5~7mm
나오는 때 5~9월
겨울나기 모름

등나무고목바구미 *Acicnemis palliata*

등나무고목바구미는 몸이 까만데 밤색 털로 덮여 있다. 딱지날개와 앞가슴등판에 까만 무늬가 커다랗게 나 있다. 마른 나무줄기 색깔이랑 비슷해서 몸을 숨긴다. 이름처럼 등나무에서 보인다. 애벌레는 등나무 줄기 속을 파고 들어가 산다.

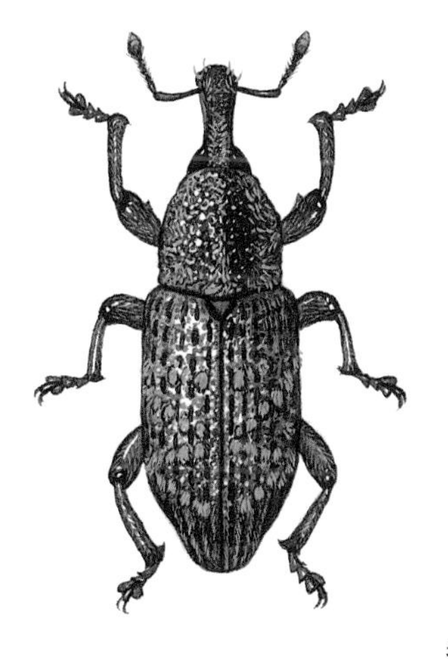

참바구미아과
몸길이 주둥이 빼고 7～13mm
나오는 때 5～7월
겨울나기 모름

솔곰보바구미 *Hylobius haroldi*

솔곰보바구미는 몸이 검거나 붉은 밤색이다. 딱지날개에 노란 줄무늬가 희미하게 나 있다. 온 나라 바늘잎나무 숲에서 볼 수 있다. 소나무 같은 바늘잎나무 순을 먹는다. 소나무를 잘라 쌓아 놓은 곳에서 많이 보인다. 밤에 불빛으로 날아오기도 한다. 애벌레는 썩은 소나무 속을 파먹고 큰다.

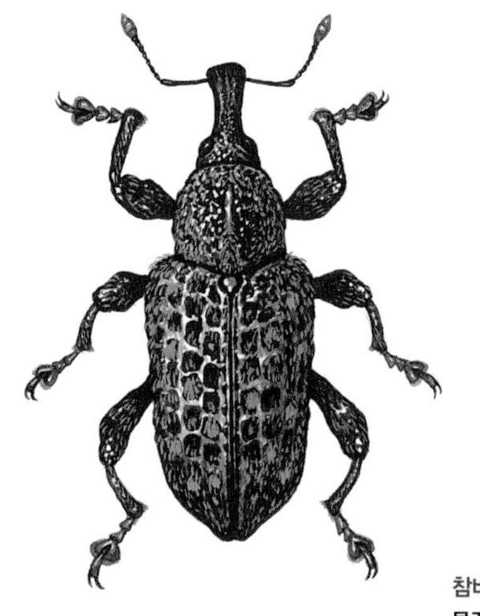

참바구미아과
몸길이 주둥이 빼고 13～16mm
나오는 때 4～8월
겨울나기 어른벌레

사과곰보바구미 *Pimelocerus exsculptus*

사과곰보바구미는 딱지날개가 곰보처럼 움푹움푹 파여서 울퉁불퉁하다. 온몸은 까만데 딱지날개에 누런 털이 무늬처럼 나 있다. 주둥이는 굵고 짧다. 온 나라 산에서 산다. 어른벌레는 밤나무나 여러 가지 참나무, 버드나무, 사과나무, 자작나무 같은 나무껍질 틈에서 많이 보인다. 밤에 불빛으로 날아오기도 한다. 5월 중순에 짝짓기를 하고 알을 낳는다. 애벌레가 밤나무 뿌리를 갉아 먹는다. 가을에 어른벌레로 날개돋이 한 뒤 겨울을 난다.

참바구미아과
몸길이 주둥이 빼고 15~20mm
나오는 때 5~8월
겨울나기 애벌레

옻나무바구미 *Ectatorhinus adamsii*

옻나무바구미는 가슴과 딱지날개에 돌기가 있어 울퉁불퉁하다. 다리에도 혹처럼 생긴 돌기가 나 있다. 온 나라 낮은 산이나 들판에서 산다. 어른벌레는 여러 가지 넓은잎나무 나뭇진에 모여든다. 참나무나 오리나무, 붉나무, 옻나무 같은 나뭇진에 잘 모인다. 손으로 건드리면 다리를 오므리고 죽은 척한다. 뒷날개가 퇴화해서 날지 못한다. 애벌레로 겨울을 난다.

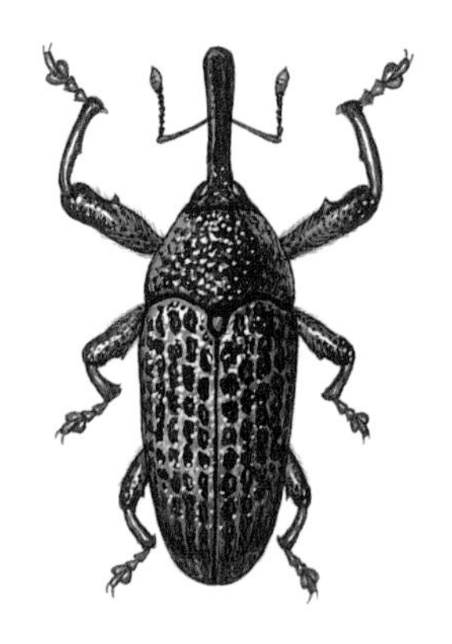

참바구미아과
몸길이 주둥이 빼고 7mm 안팎
나오는 때 4~7월
겨울나기 모름

옻나무통바구미 *Mecysolobus erro*

옻나무통바구미는 온몸이 까만데 딱지날개 뒤쪽이 발그스름하다. 어른벌레가 붉나무나 옻나무 어린 가지에 알을 낳는다고 한다.

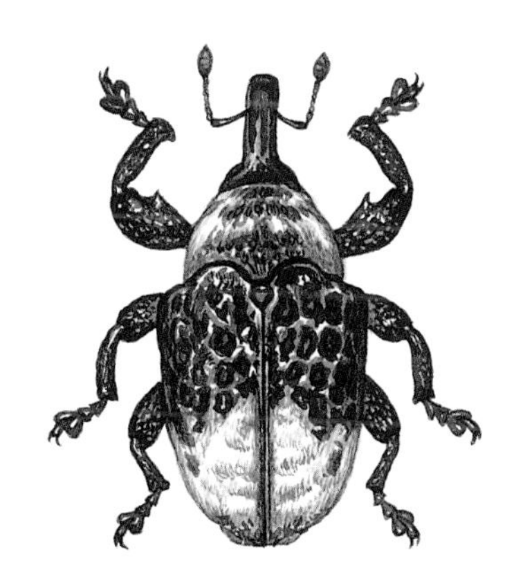

참바구미아과
몸길이 주둥이 빼고 9～10mm
나오는 때 4～9월
겨울나기 어른벌레

배자바구미 *Sternuchopsis trifidus*

딱지날개 위쪽에 있는 까만 무늬가 꼭 저고리 위에 덧입던 '배자'를 닮았다고 배자바구미다. 온몸 여기저기에 하얀 비늘털들이 덮여 있어서 웅크리고 있으면 꼭 새똥처럼 보인다. 극동버들바구미와 닮았지만, 배자바구미는 몸이 훨씬 짧고 더 뚱뚱하다. 이른 봄부터 늦가을까지 온 나라에서 자라는 칡에서 볼 수 있다. 6월에 가장 흔하다. 암컷은 주둥이로 칡 줄기에 구멍을 내고 알을 낳는다. 애벌레는 칡 줄기 속을 파먹고 산다. 알에서 어른벌레로 날개돋이 하는데 석 달쯤 걸린다.

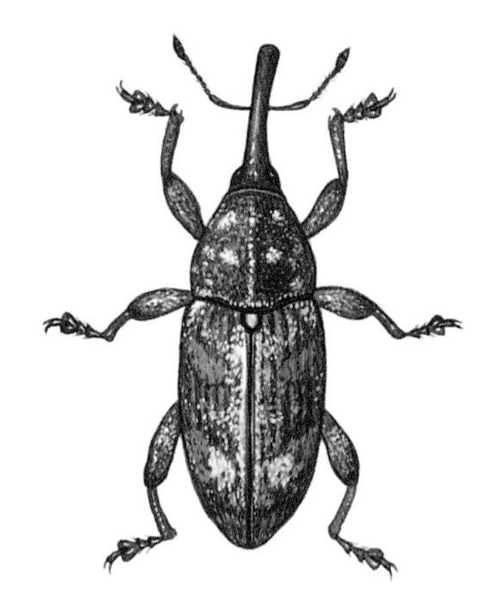

참바구미아과
몸길이 주둥이 빼고 6~8mm
나오는 때 3~11월
겨울나기 어른벌레

노랑무늬솔바구미 *Pissodes nitidus*

노랑무늬솔바구미는 온몸이 붉은 밤색으로 반짝거리고 여기저기에 흰 털이 나 있다. 앞가슴등판에 하얀 점이 2개, 딱지날개에는 허연 가로 띠무늬가 2개 있다. 작은방패판은 허연 털로 덮여 있다. 나무 틈에서 어른벌레로 겨울을 나고 이듬해 봄에 짝짓기를 마친 암컷이 나무껍질에 구멍을 뚫고 알을 낳는다. 애벌레는 나무껍질 밑을 파고 다니며 갉아 먹고, 다 자라면 나무줄기 속에서 번데기가 된다. 6~7월에 어른벌레로 날개돋이 해서 나온다.

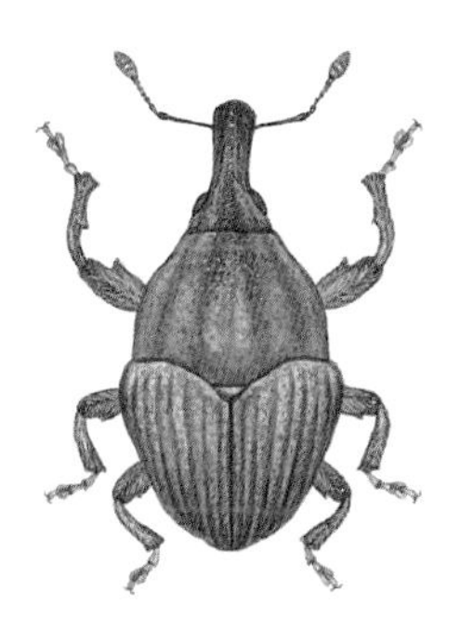

참바구미아과
몸길이 주둥이 빼고
4mm 안팎
나오는 때 5～9월
겨울나기 모름

오뚜기바구미 *Trigonocolus tibialis*

오뚜기바구미는 몸이 까맣고 불룩하다. 온몸에는 잿빛 털이 나 있다. 딱지날개는 심장꼴로 생겼고, 세로줄이 나 있다. 너듬이와 다리는 불그스름하다. 산에서 보인다.

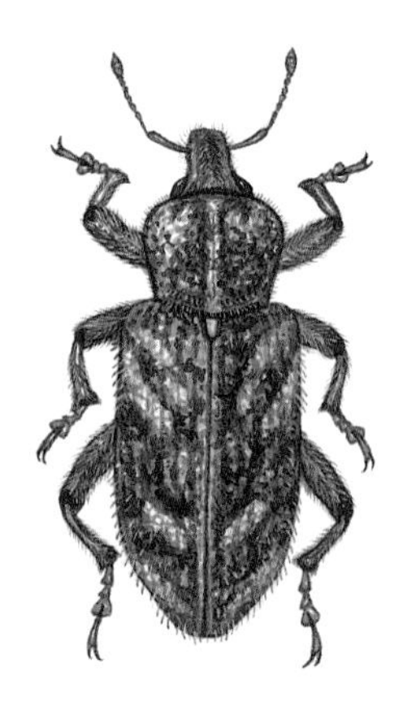

흙바구미아과
몸길이 주둥이 빼고 8mm 안팎
나오는 때 4~10월
겨울나기 모름

채소바구미 *Listroderes costirostris*

채소바구미는 온몸이 누런 밤색인데 짙거나 옅어서 얼룩덜룩하다. 딱지날개에 허연 무늬가 V자처럼 나 있다. 들판이나 마을, 논밭 둘레에서 볼 수 있다. 어른벌레와 애벌레가 십자화가 식물을 먹는다고 한다.

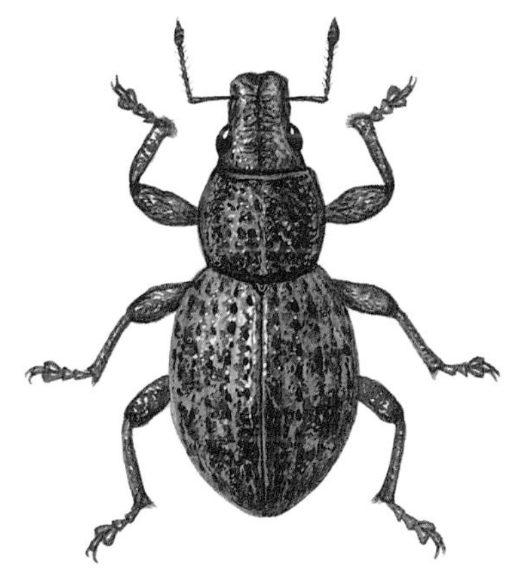

줄주둥이바구미아과
몸길이 주둥이 빼고 9～13mm
나오는 때 5～7월
겨울나기 모름

둥근혹바구미 *Catapionus fossulatus*

둥근혹바구미는 몸이 까만데 풀빛과 구릿빛이 도는 비늘이 온몸을 덮고 있다. 머리와 앞가슴등판 가운데에 까만 줄무늬가 있다. 딱지날개에는 곰보처럼 홈이 파인다. 온몸에 잿빛 털이 나 있다. 산이나 숲 가장자리에서 산다. 어른벌레는 어수리나 단풍터리풀 잎을 갉아 먹고, 애벌레는 땅속에서 뿌리를 갉아 먹는다고 한다.

줄주둥이바구미아과
몸길이 주둥이 빼고 4mm 안팎
나오는 때 5～10월
겨울나기 모름

다리가시뭉뚝바구미 *Anosimus decoratus*

다리가시뭉뚝바구미는 몸이 누런 밤색이고, 누런 비늘과 검은 밤색 비늘이 얼룩덜룩 덮여 있다. 주둥이는 오각형으로 생겼다.

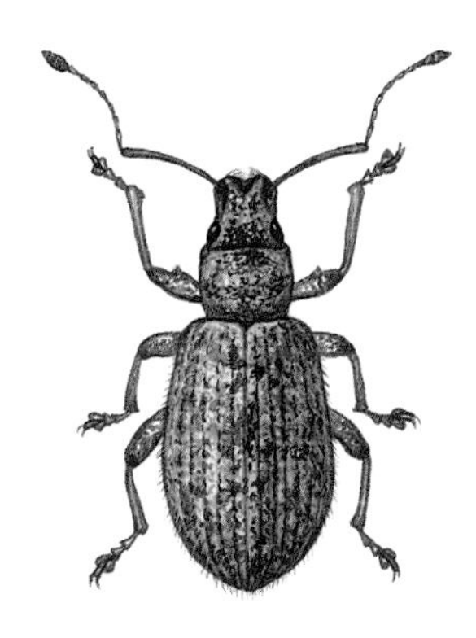

줄주둥이바구미아과
몸길이 주둥이 빼고 4~6mm
나오는 때 4~8월
겨울나기 모름

뭉뚝바구미 *Ptochidius tessellatus*

뭉뚝바구미는 주둥이가 뭉뚝하다. 온몸은 누렇거나 누런 밤색 비늘이 덮여 얼룩덜룩하다. 딱지날개에는 홈이 파여 세로줄이 나 있다. 어른벌레는 참나무에서 많이 보인다.

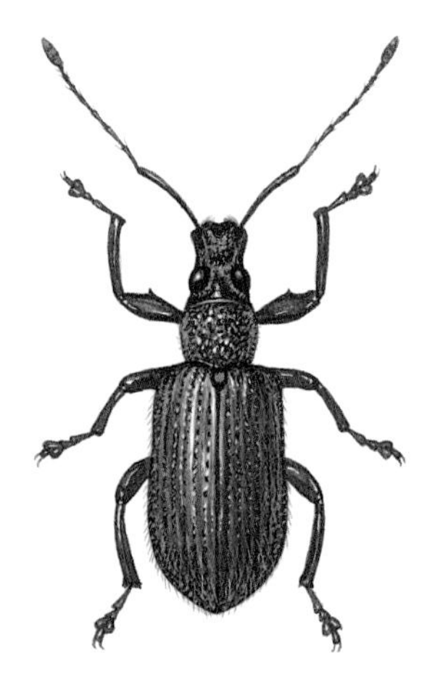

줄주둥이바구미아과
몸길이 주둥이 빼고 5~6mm
나오는 때 5~9월
겨울나기 모름

밤색주둥이바구미 *Cyrtepistomus castaneus*

밤색주둥이바구미는 이름처럼 온몸이 짙은 밤색을 띤다. 딱지날개에는 홈이 파여 세로줄이 나 있다. 온몸에는 짧은 잿빛 털이 나 있다. 주둥이는 뭉뚝하다. 다리 발목마디와 더듬이 끄트머리 불룩한 마디는 빨갛다. 참나무나 밤나무가 자라는 산에서 볼 수 있다. 짝짓기를 하지 않고 암컷이 알을 낳는다고 한다.

줄주둥이바구미아과
몸길이 주둥이 빼고 4mm 안팎
나오는 때 5~8월
겨울나기 모름

털줄바구미 *Calomycterus setarius*

털줄바구미는 몸이 까만데, 허연 비늘이 듬성듬성 덮여 있어 얼룩덜룩하다. 딱지날개는 달걀처럼 둥그스름하다. 딱지날개에 곧추 서 있는 털이 나 있고, 앞가슴에는 누운 털이 나 있다. 주둥이는 뭉툭하다. 들판에서 보인다.

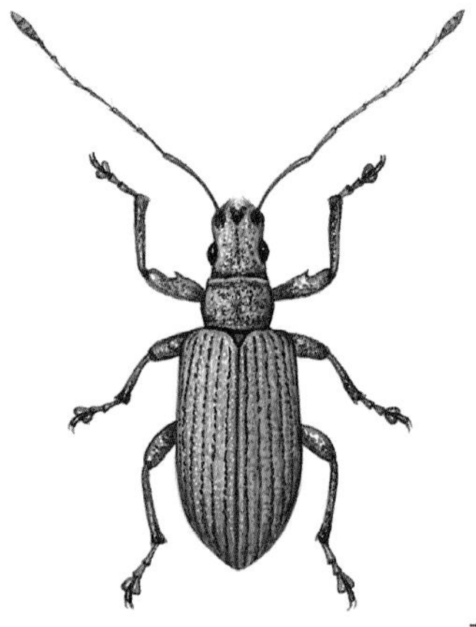

줄주둥이바구미아과
몸길이 주둥이 빼고 4~6mm
나오는 때 5~10월
겨울나기 모름

긴더듬이주둥이바구미 *Eumyllocerus malignus*

긴더듬이주둥이바구미는 몸이 까맣고 풀빛이 도는 둥근 비늘로 덮여 있다. 더듬이가 유난히 길다. 더듬이는 붉은 밤색이다. 어른벌레는 낮은 산 숲속에서 산다. 떡갈나무 잎을 갉아 먹는다고 한다.

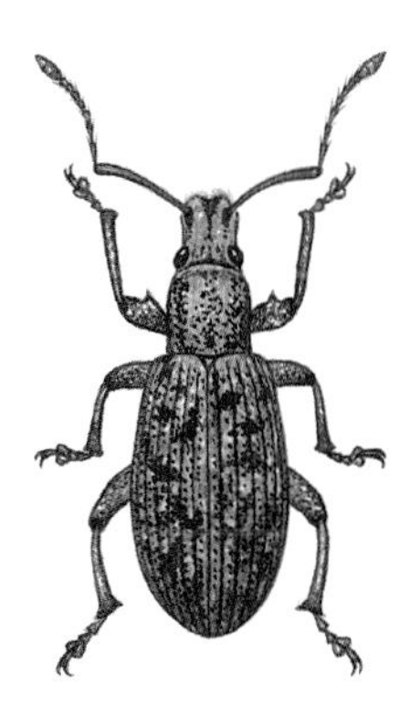

줄주둥이바구미아과
몸길이 주둥이 빼고 5~6mm
나오는 때 4~8월
겨울나기 모름

주둥이바구미 *Lepidepistomodes fumosus*

주둥이바구미는 앞가슴등판과 딱지날개에 까만 점무늬가 많이 나 있다. 낮은 산 숲에 살며 참나무나 밤나무 잎을 갉아 먹는다.

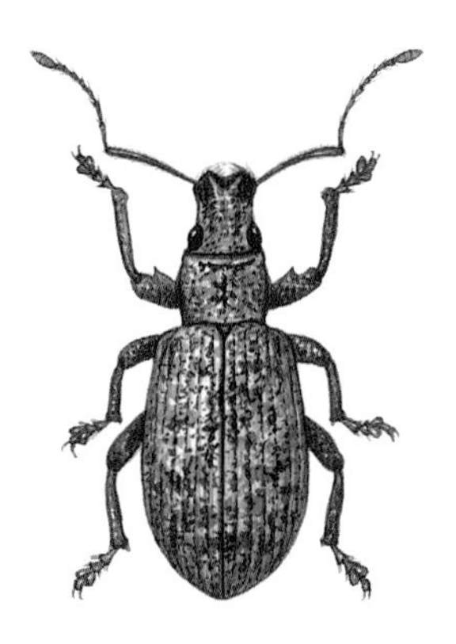

줄주둥이바구미아과
몸길이 주둥이 빼고 4～5mm
나오는 때 4～10월
겨울나기 모름

섭주둥이바구미 *Nothomyllocerus griseus*

섭주둥이바구미는 온몸이 누런 밤색이다. 딱지날개에 짧은 털이 나 있다. 밤나무나 참나무, 자작나무, 오리나무에서 보인다.

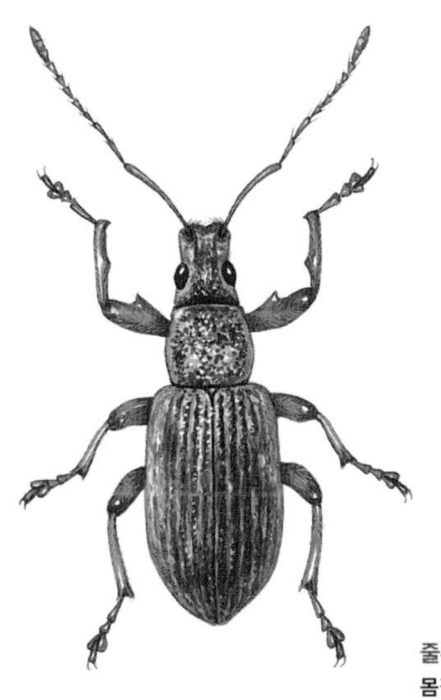

줄주둥이바구미아과
몸길이 주둥이 빼고 6~10mm
나오는 때 5~9월
겨울나기 모름

왕주둥이바구미 *Phyllolytus variabilis*

왕주둥이바구미는 온몸이 누런 밤색이거나 붉은 밤색인데, 풀빛이 도는 비늘이 온몸에 덮여 있다. 또 온몸에는 하얀 털이 나 있다. 주둥이는 뭉툭하다. 여름에 여러 가지 참나무와 밤나무, 붉가시나무에서 볼 수 있다. 암컷은 짝짓기를 하지 않고 알을 낳는다고 한다.

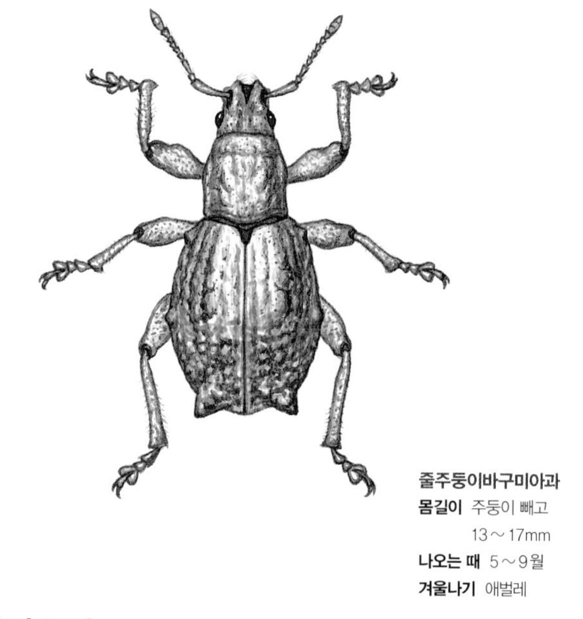

줄주둥이바구미아과
몸길이 주둥이 빼고 13～17mm
나오는 때 5～9월
겨울나기 애벌레

혹바구미 *Episomus turritus*

혹바구미는 딱지날개 끝에 혹처럼 생긴 돌기가 한 쌍 있다. 몸은 잿빛 털로 덮여 있다. 온 나라 낮은 산에서 보인다. 어른벌레는 칡, 아까시나무, 등나무, 싸리나무 같은 콩과 식물 잎을 갉아 먹는다고 한다. 손으로 건드리면 다리를 오므리고 죽은 척한다. 7~8월에 짝짓기를 마친 암컷은 잎을 잘라 봉지처럼 주머니를 만들고 그 속에 알을 10개쯤 낳는다. 알에서 나온 애벌레는 땅으로 떨어져 땅속으로 들어가 뿌리를 갉아 먹고 자란다. 애벌레로 겨울을 난다.

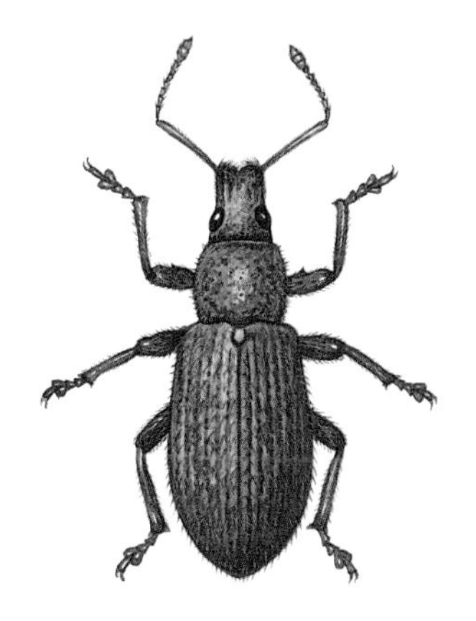

줄주둥이바구미아과
몸길이 주둥이 빼고 4~7mm
나오는 때 모름
겨울나기 모름

갈녹색가루바구미 *Phyllobius incomptus*

갈녹색가루바구미는 이름처럼 온몸에 잿빛이 도는 밤색 비늘이 덮여 있다.

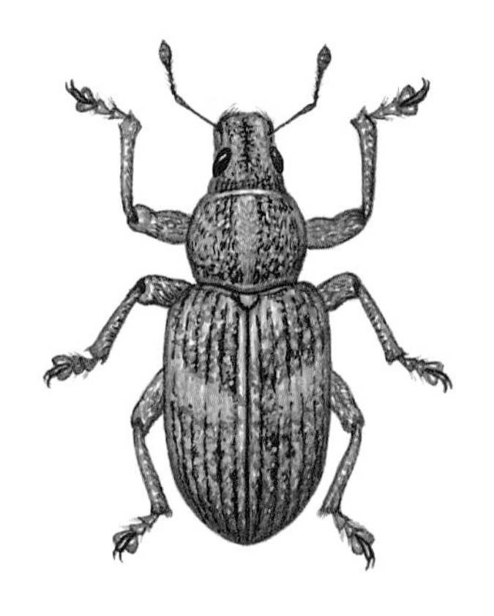

줄주둥이바구미아과
몸길이 주둥이 빼고 4~8mm
나오는 때 5~9월
겨울나기 모름

쌍무늬바구미 *Eugnathus distinctus*

쌍무늬바구미는 온몸에 풀빛 비늘이 덮여 있다. 비늘이 벗겨지면 몸은 까맣다. 주둥이는 뭉뚝하다. 겹눈 사이부터 주둥이 끝까지 가운데로 홈이 파여 있다. 딱지날개 가운데에 비늘이 빽빽하게 모여 짙은 가로 띠무늬가 있다. 온 나라 산에서 볼 수 있다. 어른벌레는 싸리나무나 칡 같은 콩과 식물에서 보인다.

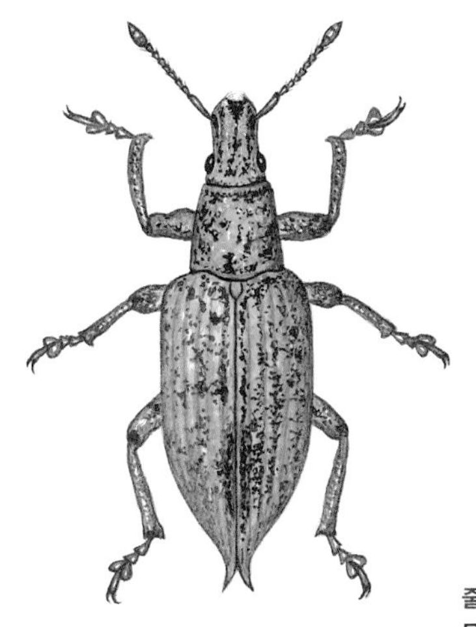

줄주둥이바구미아과
몸길이 주둥이 빼고 12mm 안팎
나오는 때 6～10월
겨울나기 모름

홍다리청바구미 *Chlorophanus auripes*

홍다리청바구미는 온몸이 밤색인데 풀빛이 도는 비늘로 덮여 있다. 다리는 누렇다. 주둥이는 뭉뚝하다.

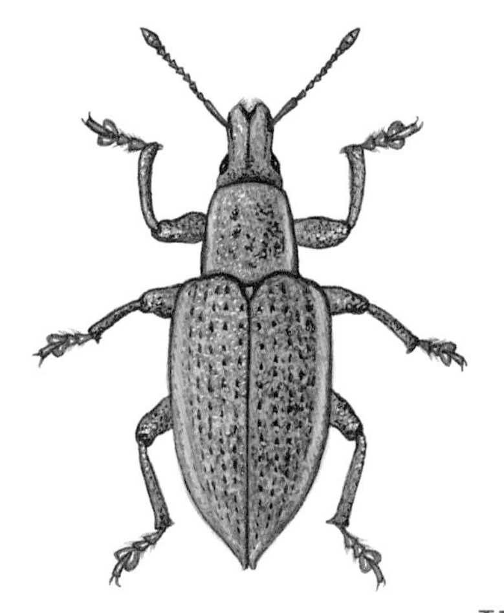

줄주둥이바구미아과
몸길이 주둥이 빼고 12~14mm
나오는 때 6~9월
겨울나기 모름

황초록바구미 *Chlorophanus grandis*

황초록바구미는 몸이 까만데, 금빛이 도는 가루가 온몸에 덮여 반짝인다. 손으로 만지면 가루가 쉽게 벗겨진다. 주둥이는 짧고 굵다. 딱지날개 끝은 뾰족하고 날카롭다. 온 나라 들판에서 자라는 여러 가지 버드나무에서 산다. 어른벌레는 버드나무 잎을 주로 갉아 먹는데 싸리나 사과나무, 장미 잎도 갉아 먹는다. 애벌레는 땅속에서 나무뿌리를 갉아 먹는다고 한다. 위험을 느끼면 땅으로 툭 떨어져 몸을 숨긴다.

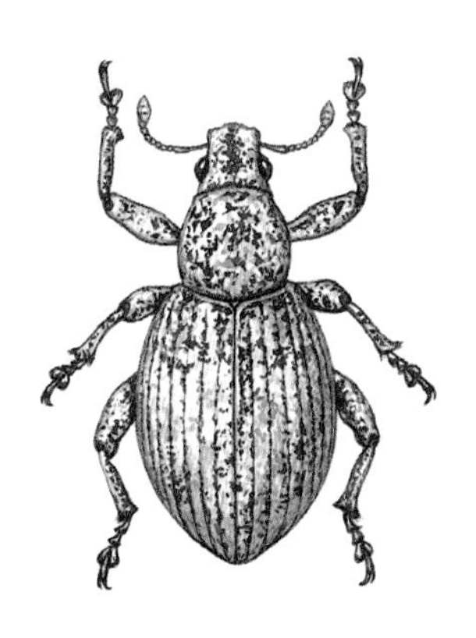

줄주둥이바구미아과
몸길이 6～8mm
나오는 때 4～8월
겨울나기 어른벌레

천궁표주박바구미 *Scepticus griseus*

천궁표주박바구미는 몸이 까만데, 잿빛 털이 빽빽이 나 있다. 이마에서 주둥이로 골이 파여 있다. 팽나무에서 많이 보인다.

줄주둥이바구미아과
몸길이 6~8mm
나오는 때 5~8월
겨울나기 애벌레

뽕나무표주박바구미 *Scepticus insularis*

뽕나무표주박바구미는 온몸이 거무스름한 밤색을 띤다. 주둥이는 뭉툭하다. 이마부터 주둥이까지 홈이 파여 있지 않다. 딱지날개 앞쪽에 돌기가 튀어나왔다. 이름과 달리 면화나 담배 따위를 갉아 먹는다. 한 해에 한 번 날개돋이 한다.

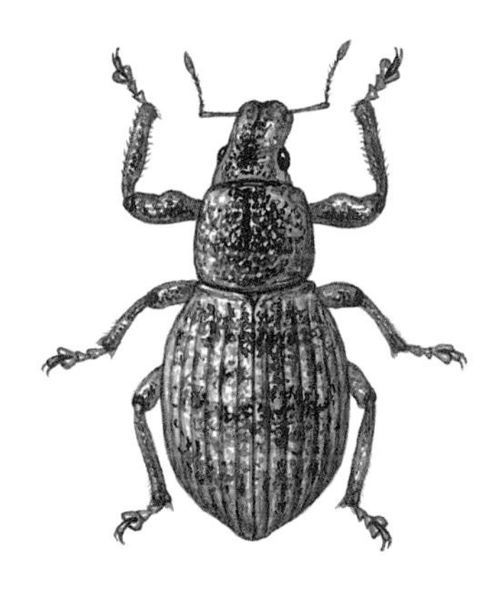

줄주둥이바구미아과
몸길이 8~10mm
나오는 때 5~8월
겨울나기 모름

밀감바구미 *Sympiezomias lewisi*

밀감바구미는 앞가슴등판 가운데에 세로로 까만 홈이 넓게 파여 있다. 이름처럼 귤나무나 뽕나무를 갉아 먹는다.

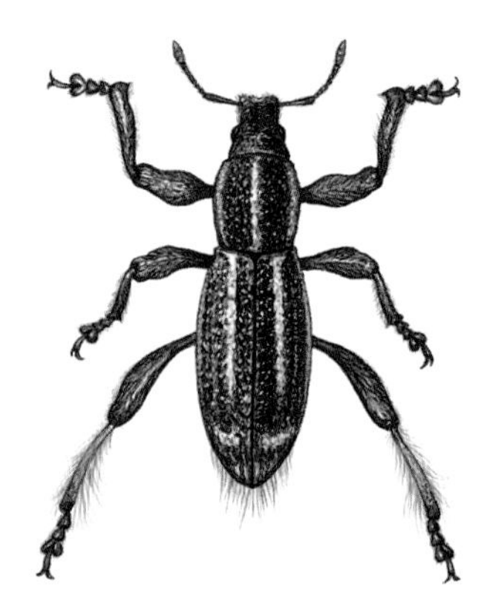

줄주둥이바구미아과
몸길이 주둥이 빼고 7~8mm
나오는 때 4~8월
겨울나기 애벌레

털보바구미 *Enaptorrhinus granulatus*

털보바구미는 이름처럼 수컷 딱지날개 끝과 뒷다리 종아리마디에 누런 털이 길고 수북하게 나 있다. 암컷은 종아리마디가 밋밋하고 털이 적다. 딱지날개에는 하얀 줄무늬가 나 있다. 어른벌레는 온 나라 낮은 산이나 들판 풀밭에서 볼 수 있다. 5~6월에 가장 많이 보인다. 낮에 나와 여러 가지 참나무 잎을 갉아 먹는다.

줄주둥이바구미아과
몸길이 주둥이 빼고 5mm 안팎
나오는 때 6~10월
겨울나기 모름

땅딸보가시털바구미 *Pseudocneorhinus bifasciatus*

땅딸보가시털바구미는 이름처럼 온몸에 가시처럼 생긴 짧은 털이 잔뜩 나 있다. 또 온몸에는 잿빛 밤색 비늘이 덮여 있다. 머리 옆에 세모난 혹이 있다. 몸은 아주 작지만 뚱뚱하다. 산속 풀밭이나 도시 공원, 귤을 기르는 농장에서 산다. 수컷과 짝짓기를 하지 않고 암컷 혼자 알을 낳는다고 한다. 어른벌레가 감귤 잎을 먹어치우기도 한다.

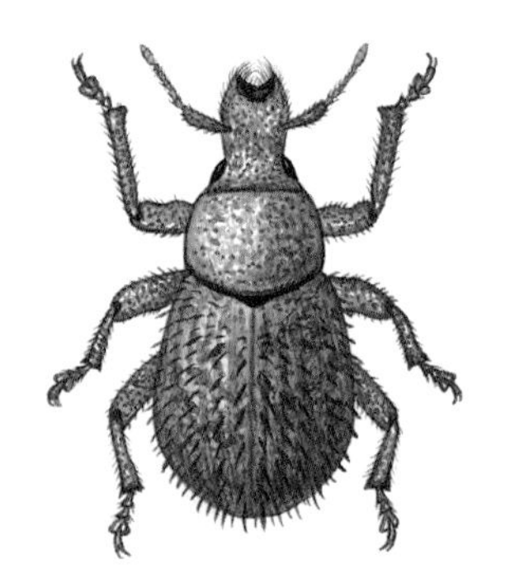

줄주둥이바구미아과
몸길이 6mm 안팎
나오는 때 5~8월
겨울나기 모름

가시털바구미 *Pseudocneorhinus setosus*

가시털바구미는 이름처럼 온몸에 까만 가시 털이 잔뜩 나 있다. 낮은 산 풀밭에서 산다. 암컷 혼자 짝짓기를 하지 않고 알을 낳는다고 한다. 그래서 수컷은 거의 보이지 않는다.

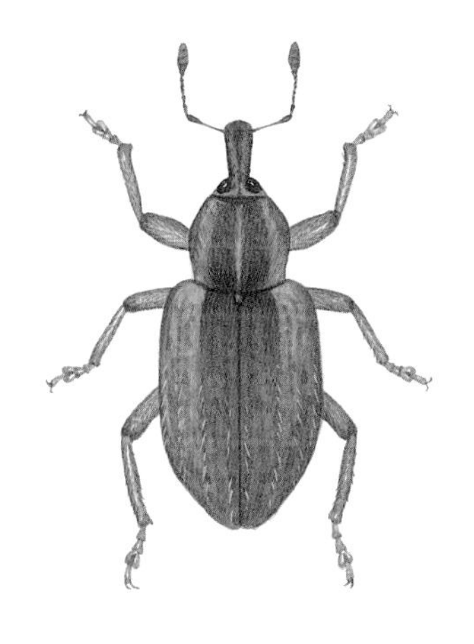

뚱보바구미아과
몸길이 주둥이 빼고 5~6mm
나오는 때 5~8월
겨울나기 어른벌레

알팔파바구미 *Hypera postica*

알팔파바구미는 다른 나라에서 들어온 바구미다. 미국에서 기르는 알팔파라는 식물을 갉아 먹는다고 한다. 3월부터 날아와 논에 기르는 자운영과 살갈퀴, 얼치기완두 같은 콩과 식물 잎과 줄기를 갉아 먹는다. 또 밭에서 기르는 배추나 콩 같은 곡식도 갉아 먹는다. 5월에 날개돋이 한 어른벌레는 잎을 갉아 먹다가 어른벌레로 겨울을 난다. 그리고 겨울부터 이른 봄까지 자운영 같은 먹이식물 줄기 속에 알을 낳는다. 2월 중순부터 알에서 애벌레가 깨어난다. 한 해에 한 번 날개돋이 한다.

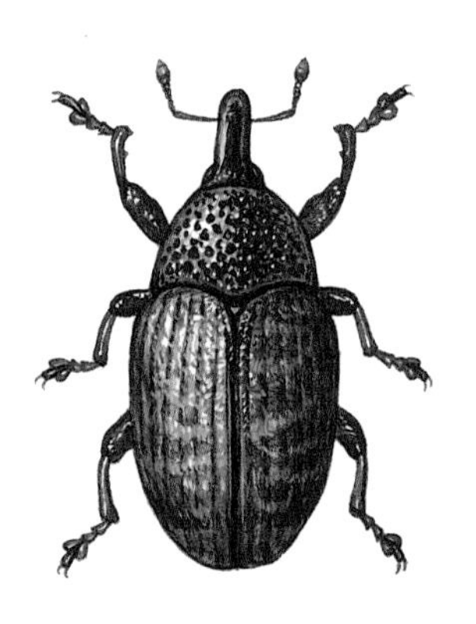

길쭉바구미아과
몸길이 주둥이 빼고 5~8mm
나오는 때 4~7월
겨울나기 어른벌레

우엉바구미 *Larinus latissimus*

우엉바구미는 몸이 까맣고, 누런 밤색 털로 덮여 있다. 군데군데 까만 점도 있다. 다리 발목마디는 빨갛다. 들판 풀밭에서 산다. 어른벌레로 겨울을 나고 이듬해 4월에 나와 엉겅퀴 꽃에 많이 모여 꽃가루를 먹고 알을 낳는다. 애벌레는 꽃 씨방을 파먹고 자라다가 7월에 어른벌레로 날개돋이 한다. 이때 나온 어른벌레는 우엉 잎을 잘 갉아 먹는다.

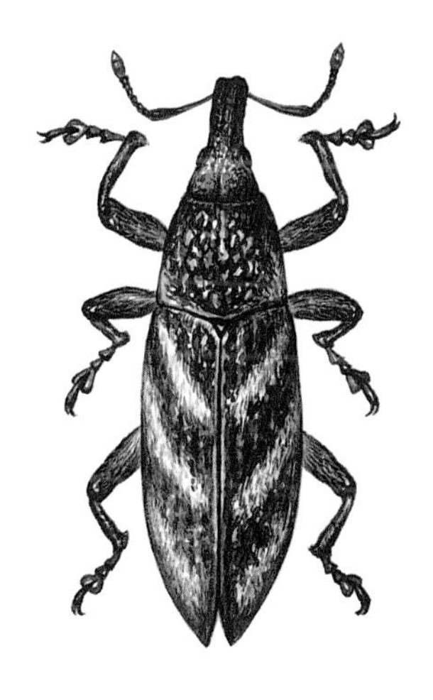

길쭉바구미아과
몸길이 주둥이 빼고 9～14mm
나오는 때 5～8월
겨울나기 모름

흰띠길쭉바구미 *Lixus acutipennis*

흰띠길쭉바구미는 흰줄바구미와 닮았지만, 몸이 더 날씬하고, 주둥이에 하얀 줄무늬가 없어서 다르다. 온몸은 하얀 털로 덮여 있다. 딱지날개 가운데 V자처럼 생긴 까만 무늬가 있다. 온 나라 낮은 산 풀밭이나 논밭 둘레, 냇가, 마을 둘레에서 산다. 어른벌레는 쑥을 잘 갉아 먹는다고 한다. 위험을 느끼면 잎 뒤로 들어가 숨는다.

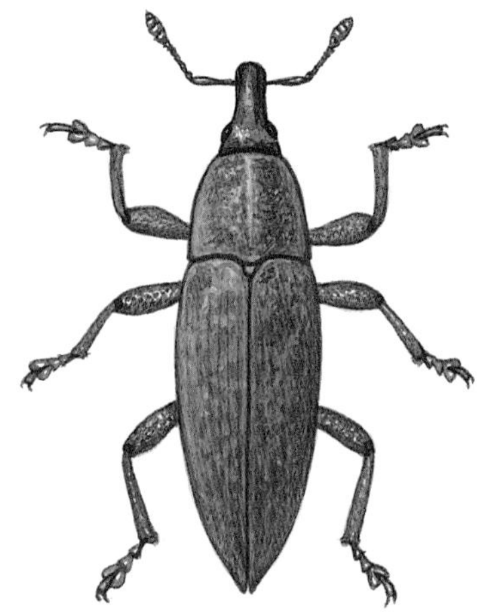

길쭉바구미아과
몸길이 주둥이 빼고 15～17mm
나오는 때 5～7월
겨울나기 모름

가시길쭉바구미 *Lixus divaricatus*

가시길쭉바구미는 몸이 붉고, 더듬이는 까맣다. 온몸에 누런 가루가 덮였는데 잘 벗겨진다. 앞가슴등판과 딱지날개에 작은 점무늬가 나 있다. 딱지날개 끝은 가시처럼 뾰족하다. 온 나라 산속 풀밭에서 산다. 어른벌레는 5월부터 보이는데, 7월에 가장 많다. 쑥에 올라와 짝짓기를 하거나 쉬고 있는 모습을 자주 볼 수 있다.

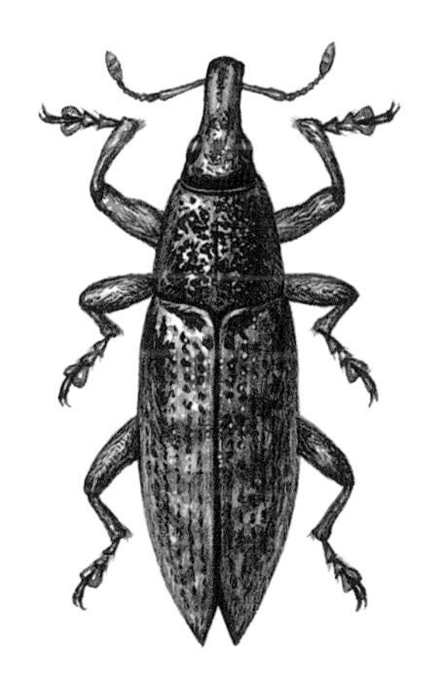

길쭉바구미아과
몸길이 주둥이 빼고 8~12mm
나오는 때 5~9월
겨울나기 어른벌레

길쭉바구미 *Lixus imperessiventris*

길쭉바구미는 온몸이 붉은 밤색 가루로 덮여 있다. 손으로 만지면 벗겨진다. 오래되면 가루가 벗겨져 검은 밤색으로 보인다. 점박이길쭉바구미와 닮았지만, 길쭉바구미 딱지날개 끝이 더 뾰족하다. 온 나라 낮은 산이나 들판, 논밭, 냇가, 마을 둘레에서 산다. 어른벌레는 낮에 나와 풀잎에 잘 앉아 있다. 어른벌레로 겨울을 난다고 한다.

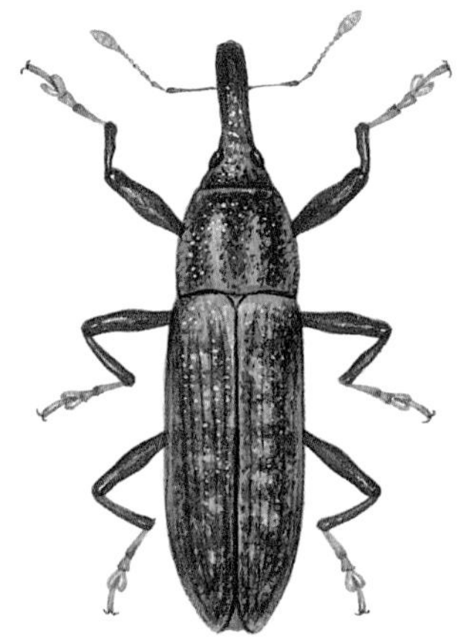

길쭉바구미아과
몸길이 주둥이 빼고 6~12mm
나오는 때 4~9월
겨울나기 애벌레

점박이길쭉바구미 *Lixus maculatus*

점박이길쭉바구미는 이름처럼 딱지날개에 누런 가루가 점박이처럼 얼룩덜룩 나 있다. 머리와 주둥이는 까맣다. 몸에는 누런 털로 덮여 있다. 털이 빠지면 까맣다. 어른벌레는 낮은 산이나 들판 풀밭에서 5~7월에 많이 보인다. 어른벌레는 여러 가지 풀을 갉아 먹는데, 쑥이나 여뀌에서 많이 보인다. 애벌레로 겨울을 난다고 한다.

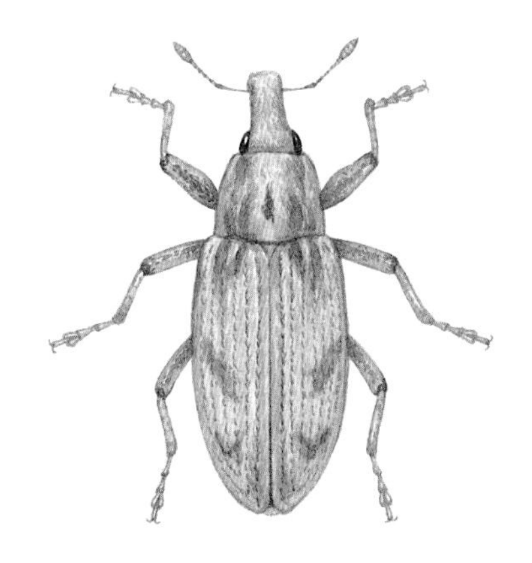

길쭉바구미아과
몸길이 주둥이 빼고 11mm 안팎
나오는 때 3~6월
겨울나기 어른벌레

대륙흰줄바구미 *Pleurocleonus sollicitus*

대륙흰줄바구미는 딱지날개에 하얀 가루가 덮여 있다. 가루가 벗겨지면 까맣다. 머리와 가슴이 붙어 세모나다. 온 나라 들판에서 보인다. 어른벌레로 겨울을 난다고 한다.

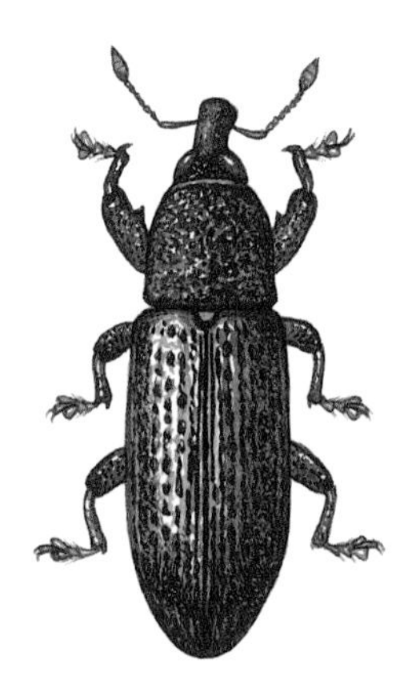

통바구미아과
몸길이 주둥이 빼고 8~11mm
나오는 때 6~9월
겨울나기 모름

민가슴바구미 *Carcilia strigicollis*

민가슴바구미는 몸은 까만데 하얀 털이 나 있고, 누런 가루가 덮였다. 딱지날개에는 노란 털이 얼룩덜룩하게 나 있다. 손으로 만지면 쉽게 벗겨진다. 중부와 남부 지방 산이나 숲 가장자리에서 산다. 어른벌레는 고로쇠나무나 참나무에 모인다. 애벌레는 썩은 나무속에서 산다.

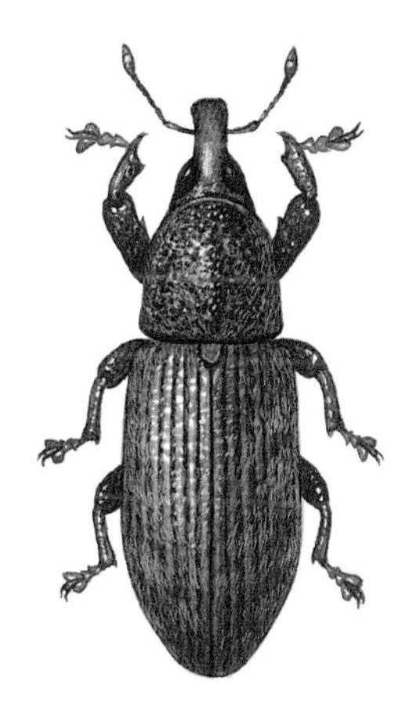

통바구미아과
몸길이 주둥이 빼고 6～12mm
나오는 때 6～8월
겨울나기 애벌레

볼록민가슴바구미 *Carcilia tenuistriata*

볼록민가슴바구미는 온몸이 누런 털로 덮여 있는데, 털이 쉽게 빠진다. 민가슴바구미와 닮았는데, 볼록민가슴바구미는 몸빛이 붉은 밤색이고, 가운데가슴 배 쪽에 돌기가 솟아올랐다. 낮은 산이나 들판에서 산다. 어른벌레는 밤에 나와 돌아다니고, 불빛에도 잘 날아온다. 애벌레로 겨울을 난다고 한다.

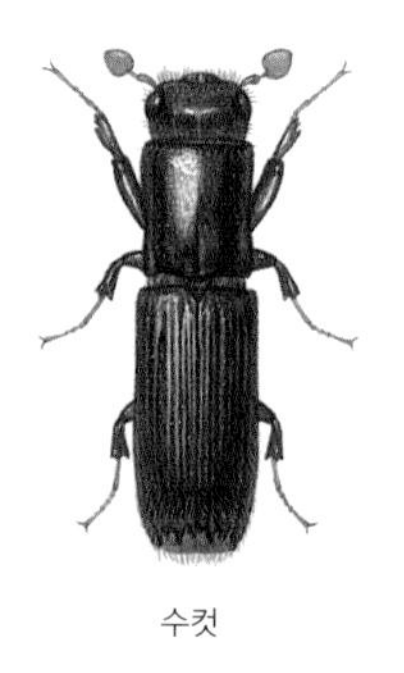

수컷

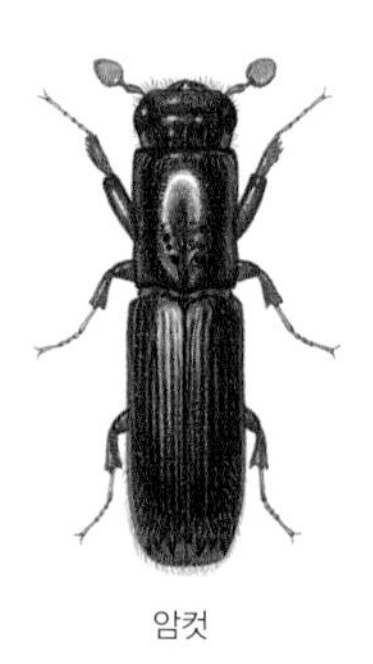

암컷

긴나무좀아과
몸길이 4~6mm
나오는 때 6월
겨울나기 애벌레

광릉긴나무좀 *Platypus koryoensis*

광릉에서 처음 찾았다고 광릉긴나무좀이다. 딱지날개는 배를 다 덮지 못한다. 딱지날개 끝은 자른 듯 반듯하다. 더듬이는 11마디인데, 끝 세 마디가 넓게 부풀었다. 나무속에 굴을 파고 산다. 암컷은 나무속에 굴을 파면서 알을 하나씩 낳는다. 열흘쯤 지나면 애벌레가 나와 혼자 살면서 나무속에 굴을 파고 지내며 암컷과 수컷이 가져와 나무속에 퍼진 '라펠라'라는 균을 먹고 산다. 다 자란 애벌레로 겨울을 난다. 이듬해 6월 중순쯤 어른벌레로 날개돋이 해서 나온다.

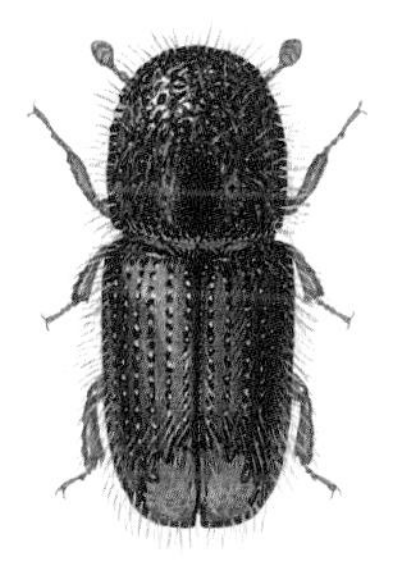

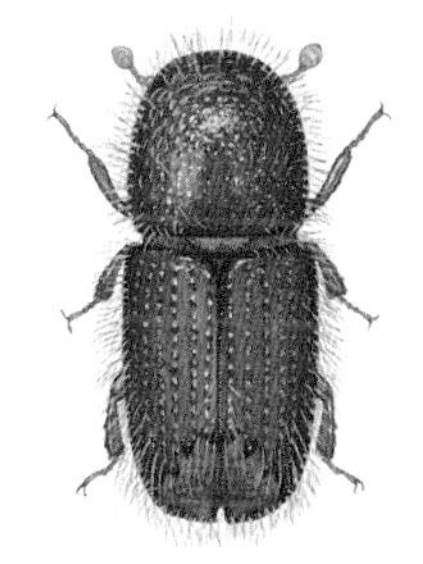

나무좀아과
몸길이 5mm 안팎
나오는 때 모름
겨울나기 모름

왕소나무좀 *Ips cembrae*

왕소나무좀은 온몸이 밤색이나 까만데 노란 털이 잔뜩 나 있다. 딱지날개에는 홈이 파여 세로줄이 나 있다. 어른벌레가 나무속에 굴을 파고 다니며 파먹는다.

나무좀아과
몸길이 2mm 안팎
나오는 때 4~8월
겨울나기 어른벌레

암브로시아나무좀 *Xyleborinus saxeseni*

암브로시아나무좀은 온몸이 붉은 밤색이다. 다리와 더듬이는 누렇다. 딱지날개에는 홈이 파여 세로줄이 나 있다. 열대 지방에서 많이 산다. 우리나라에서는 느티나무와 밤나무, 벚나무, 산사나무 같은 여러 가지 넓은잎나무와 바늘잎나무에서 산다. 나무속에 굴을 파며 사는데, 나무에 피는 암브로시아균을 먹는다고 한다. 한 해에 1~2번 날개돋이 한다. 어른벌레는 4~5월과 7~8월에 나오고, 애벌레는 6~7월과 8~12월에 나와 나무속에서 암브로시아균을 먹고 자란다.

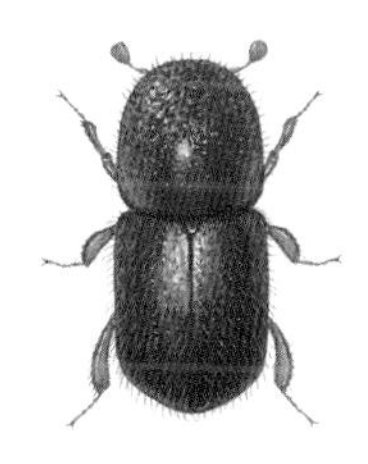

나무좀아과
몸길이 2mm 안팎
나오는 때 5월쯤
겨울나기 모름

팥배나무좀 *Xylosandrus crasiussculus*

팥배나무좀은 사과나무나 밤나무 속에서 많이 산다. 나무속에 굴을 파고 살면서 나무를 말려 죽이거나 울타리로 쳐 놓은 방부 목재 속을 갉아 먹기도 한다.

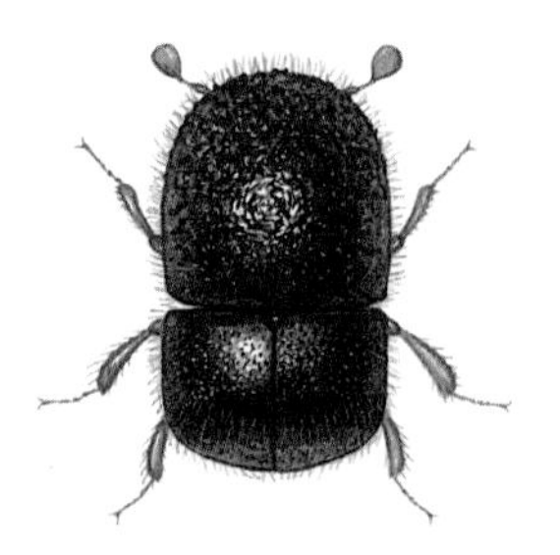

나무좀아과
몸길이 4mm 안팎
나오는 때 3~8월
겨울나기 모름

왕녹나무좀 *Xyleborus mutilatus Blandford*

왕녹나무좀은 온몸이 까맣게 반짝거린다. 온몸에는 밤색 털이 나 있다. 앞가슴등판이 딱지날개보다 더 넓다. 앞가슴등판 맨 앞에는 작은 돌기 2개가 톡 튀어나왔다. 다리와 더듬이는 빨갛다. 머리는 앞가슴등판에 가려 안 보인다. 어른벌레는 생강나무나 층층나무, 개암나무, 때죽나무 같은 나무속을 파먹는다.

나무좀아과
몸길이 3～6mm
나오는 때 3～7월
겨울나기 어른벌레

소나무좀 *Tomicus piniperda*

소나무좀은 온몸이 까맣거나 검은 밤색으로 반짝거린다. 온몸에는 잿빛 털이 나 있다. 딱지날개에는 홈이 파여 세로줄이 나 있다. 이름처럼 소나무나 해송, 잣나무, 스트로브잣나무 속에 굴을 파고 산다. 한 해에 한 번 날개돋이 한다. 어른벌레는 나무껍질 밑에서 겨울을 난다. 봄에 짝짓기를 한 암컷은 나무껍질에 구멍을 뚫고 들어가 알을 낳는다. 애벌레는 나무속에 굴을 뚫으며 속을 파먹는다. 그러면 나무가 말라죽기도 한다. 6월에 어른벌레로 날개돋이 한다.

딱정벌레 더 알아보기

잎벌레과

잎벌레 무리는 온 세계에 37,000종쯤이 산다. 우리나라에 사는 잎벌레는 370종쯤 된다. 잎벌레 무리는 반날개과, 풍뎅이과, 거저리과, 하늘소과, 바구미과와 더불어 딱정벌레 무리 가

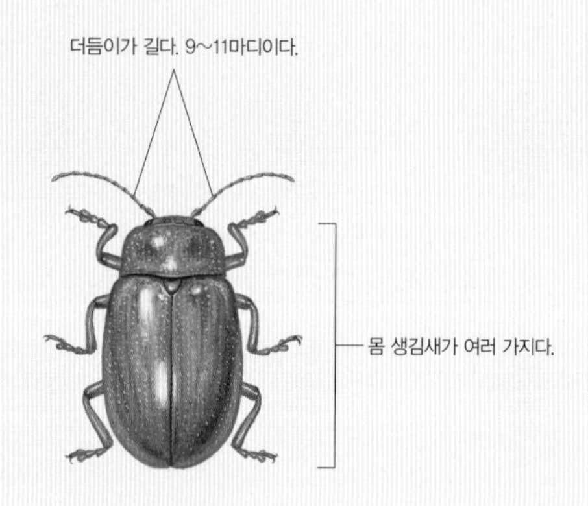

청줄보라잎벌레

운데 수가 많은 무리다. 잎벌레는 딱정벌레 가운데 몸집이 아주 작은 편이다. 몸길이가 1.5~3mm밖에 안 되는 것이 많다. 우리나라에서 크기가 가장 큰 종은 '청줄보라잎벌레'다. 몸길이가 11~15mm이다. 다음으로 큰 종들은 '중국청람색잎벌레', '열점박이별잎벌레'와 '사시나무잎벌레'다. 잎벌레는 보통 풀색이나 짙푸른색이 많고, 더듬이는 끈처럼 길다. 생김새는 저마다 다르다. 몸이 조금 길고, 앞가슴이 좁아서 마치 하늘소처럼 보이는 것도 있다. '금자라잎벌레' 무리는 몸이 납작하고 둥글다. 등딱지가 속이 비치면서 금빛으로 반짝이고, 네 귀퉁이에는 검은 무늬가 다리처럼 보여서 자라와 비슷하다. '가시잎벌레' 무리는 고슴도치처럼 온몸에 큰 가시가 나 있다. 하지만 무늬가 뚜렷하지 않은 잎벌레는 눈으로 어떤 종인지 알아보기가 어렵기도 하다. 산이나 들판 여기저기에서 살고, 몇몇 종은 밤에 불빛으로 날아오기도 한다. 사람이 심어 기르는 곡식과 채소를 갉아 먹어서 피해를 주기도 한다.

잎벌레라는 이름처럼 어른벌레는 모두 다 풀잎이나 나뭇잎을 갉아 먹는다. 줄기만 남기거나 잎맥만 그물처럼 남기고 다 먹어 치우는 잎벌레도 있다. 잎벌레마다 저마다 좋아하는 잎이 따로 있다. 애벌레도 잎을 먹는데 더러는 땅속에서 뿌리를 갉아 먹거나 집을 만들어 살거나 물속 물풀을 먹는 것도 있다.

콩바구미과

콩바구미 무리는 바구미라는 이름이 들어갔지만 사실 바구미 무리보다는 하늘소나 잎벌레와 더 가까운 무리다. 바구미 무리는 주둥이가 코끼리 코처럼 쭉 늘어났지만, 콩바구미 무리 주둥이는 그렇지 않다. 콩을 많이 갉아 먹는다고 콩바구미다. 우리나라에 9종이 알려졌다. 더듬이는 11마디이고, 톱니처럼 생기거나 빗살처럼 갈라졌다. 딱지날개 끝이 잘린 듯 반듯하고, 배가 드러난다.

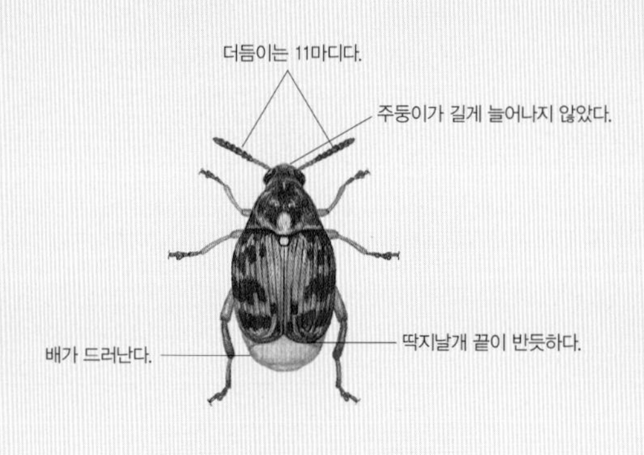

알락콩바구미

주둥이거위벌레과

주둥이거위벌레 무리는 우리나라에 6종쯤이 알려졌다. 이름처럼 주둥이가 코끼리 코처럼 가늘고 길게 튀어나왔다. 산에서 많이 산다. 밤에 불빛으로 날아오기도 한다. 생김새가 서로 닮아서 종을 구별하기가 까다롭다.

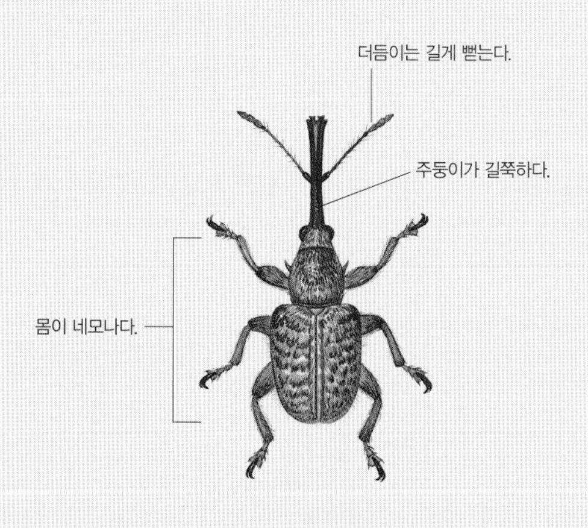

도토리거위벌레

거위벌레과

거위벌레는 딱정벌레 무리 가운데 목이 가장 길다. 넓게 보면 바구미 무리에 속하는 딱정벌레다. 머리 뒤쪽이 길게 늘어나 마치 거위 목처럼 보인다고 거위벌레라고 한다. 바구미 무리는 주둥이가 길게 늘어났고, 거위벌레는 주둥이는 조금 늘어나고 머리 뒤쪽이 많이 늘어났다. 그렇지만 거위벌레 암컷은 머리가 조금밖에 늘어나지 않았다.

거위벌레는 큰 나무가 자라는 산에 많다. 늦봄이나 이른 여름에 산에 가면 거위벌레가 말아 놓은 나뭇잎 뭉치가 가지에 매달려 있거나 길에 떨어져 있는 것을 볼 수 있다. 거위벌레 암컷은 나뭇잎 한 장을 돌돌 말거나 나뭇잎 몇 장을 같이 말고 그 속에 알을 1~3개쯤 낳는다. 걸음걸이로 나뭇잎 길이를 재고 날카로운 큰턱으로

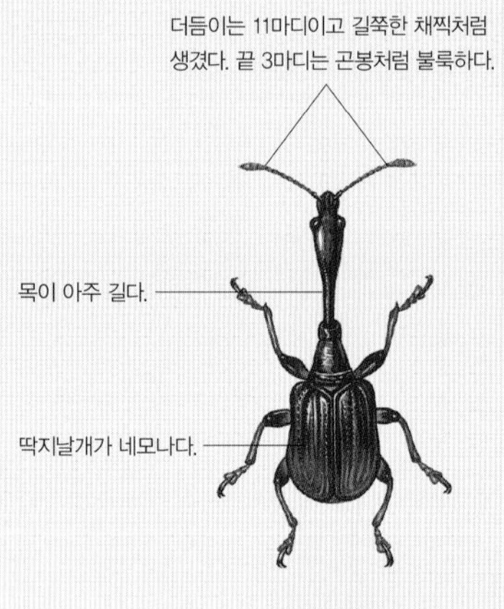

왕거위벌레

가운데 잎맥만 두고 잎을 가로로 자른다. 잎을 물어서 단단하게 접히도록 흠집을 내고, 다리 여섯 개로 꼭꼭 누르면서 돌돌 말아 올린다. 이렇게 말아 올리는데 두 시간쯤 걸린다. 하루에 한두 개씩 만드는데 7월까지 20~30개쯤 나뭇잎을 말아 알집을 만든다. 알을 낳은 지 네댓새가 지나면 애벌레가 깨어난다. 애벌레가 깨어나면 어미가 말아 놓은 나뭇잎을 갉아 먹고 자란다. 열흘쯤 지나면 번데기가 되고 다시 일주일이 지나면 어른벌레가 된다. 애벌레는 구더기처럼 생겼다. 다리가 없고 머리가 단단하다. 다 자란 거위벌레는 먹던 나뭇잎 뭉치를 뚫고 밖으로 나온다. 몇몇 종은 애벌레가 땅속으로 들어가 번데기가 되기도 한다.

거위벌레 무리는 우리나라에 60종쯤 알려졌다. 몸집이 작은 것은 4~5mm쯤 되고, 큰 것은 8~12mm쯤 된다. 거위벌레마다 알을 낳는 나무가 다르고, 잎을 접는 모양이 다르다. 접은 나뭇잎을 땅에 떨어뜨리기도 하고 매달아 놓기도 한다. 나뭇잎이 아니라 열매나 나뭇가지에 알을 낳는 것도 있다. 왕거위벌레는 우리나라에 사는 거위벌레 가운데 가장 흔하다. 오리나무나 참나무, 개암나무 잎을 좋아한다. 노랑배거위벌레는 싸리나무에 알을 많이 낳는다. 느릅나무혹거위벌레는 거북꼬리나 좀깨잎나무 같은 쐐기풀과 식물 잎에 알을 낳는다. 등빨간거위벌레는 포도과 잎을 좋아하고, 거위벌레는 오리나무나 박달나무 같은 자작나무과 잎에 알을 낳는다. 단풍뿔거위벌레는 단풍나무 잎을 여러 장 말아서 알집을 만든다. 포도거위벌레는 포도나무 잎을 말아 놓고 알을 낳는다. 황철거위벌레는 포플러나무나 사과나무 잎을 말아서 그 속에 알을 낳는다. 도토리거위벌레는 도토리 속에 알을 낳는다.

창주둥이바구미과

창주둥이바구미과 무리는 온 세계에 2,000종쯤이 산다. 창주둥이바구미 무리는 우리나라에 21종이 알려졌다. 대부분 몸길이가 1~5mm쯤 되는 작은 곤충이다. 몸은 호리병처럼 볼록하고, 대부분 몸빛이 까맣다. 다른 바구미 무리처럼 주둥이는 길고 둥글며, 밑으로 굽어 있다. 다른 바구미와 달리 더듬이가 꺾어지지 않고 실처럼 길쭉하다. 애벌레는 식물 열매나 줄기를 파먹고 산다.

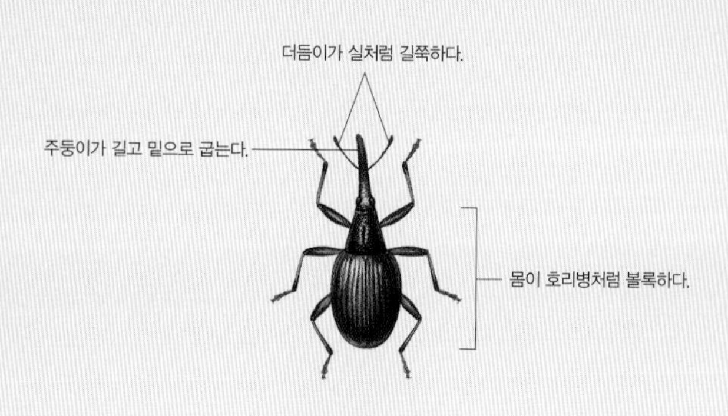

목창주둥이바구미

왕바구미과

왕바구미 무리는 온 세계에 1,100종 넘게 살고, 우리나라에 9종쯤 산다. 이름처럼 몸이 큰 바구미 종이 많다. 몸은 밤색에서 검은색을 띤다. 주둥이는 길고 가운데쯤에서 더듬이가 뻗는다. 산에서 많이 보이는데, 쌀바구미처럼 사람이 갈무리해 둔 곡식에 살아서 집 안에서 사는 종도 있다. 위험을 느끼면 땅에 떨어져 죽은 척한다.

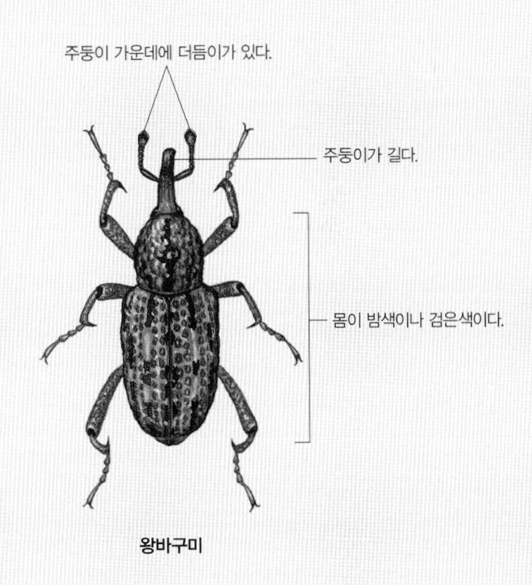

왕바구미

소바구미과

생김새가 꼭 소를 닮았다고 소바구미다. 소바구미 무리는 온 세계에 4,000종쯤 살고, 우리나라에 39종쯤이 알려졌다. 산에서 살고, 밤에 불빛으로 날아오기도 한다. 소바구미 무리는 썩은 나무에서 돋는 버섯이나 식물 열매를 파먹고 산다. 바구미 무리는 주둥이가 가늘고 길지만, 소바구미 무리는 주둥이가 넓적하다. 또 바구미 무리는 더듬이가 'ㄴ'자처럼 꺾여 있지만, 소바구미 무리는 채찍처럼 길게 뻗는다. 때때로 자기 몸길이보다 더듬이가 더 길다.

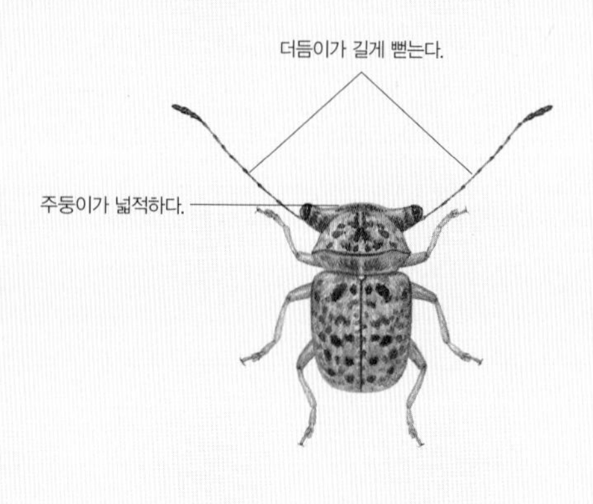

소바구미

벼바구미과

벼바구미 무리는 온 세계에 570종쯤 살고, 우리나라에 8종이 알려졌다. 대부분 몸이 작고 주둥이가 길다. 더듬이는 주둥이 앞쪽에 있다. 몸 등 쪽에 무늬가 있다. 들판에서 많이 보이고, 밤에 불빛으로 날아오기도 한다. 물가나 물에서 사는 풀 줄기나 뿌리를 갉아 먹는다. 논에서 벼 뿌리와 줄기를 갉아 먹기도 한다.

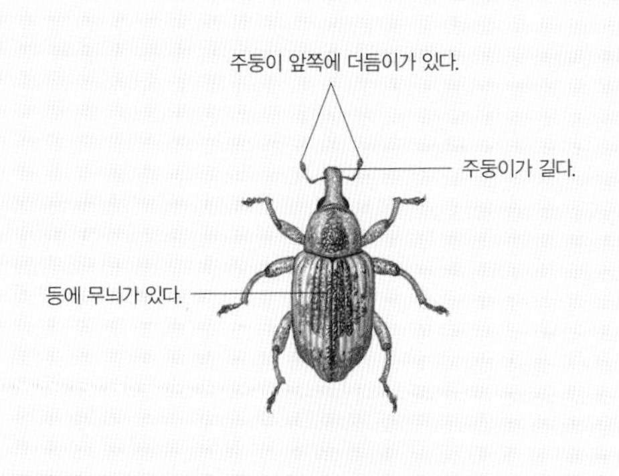

벼물바구미

바구미과

바구미 무리는 온 세계에 5만 종쯤이 살고, 우리나라에는 402종이 알려졌다. 딱정벌레 무리 가운데 종 수가 아주 많은 무리다. 생김새와 몸빛과 사는 곳이 저마다 다르다. 풀밭에서 살기도 하고, 곡식을 갉아 먹기도 하고, 꽃이나 나뭇진이 흐르는 곳에서도 산다.

바구미 무리는 모두 주둥이가 코끼리 코처럼 아주 길다. 긴 주둥이로 나무 열매나 잎을 파먹는다. 긴 주둥이 가운데쯤에는 더듬이가 ㄴ자처럼 꺾여 있다. 더듬이는 9~12마디다. 첫 번째 마디가 아주 길다. 움직임은 굼뜨지만, 몸이 아주 단단해서 제 몸을 지킨다. 또 위험을 느끼거나 누가 건들면 다리를 꼭 오므리고 죽은 척한다.

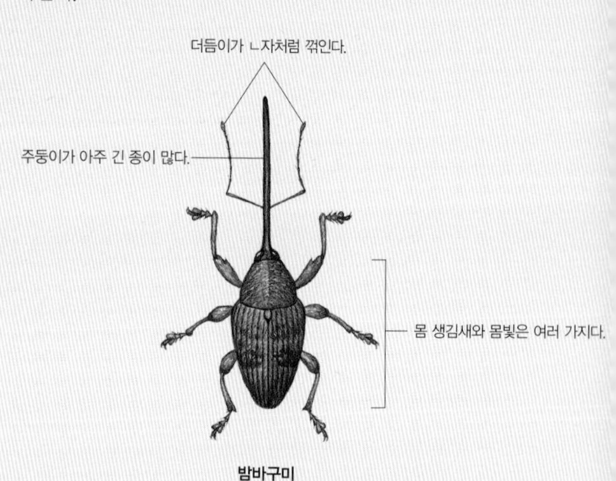

밤바구미

긴나무좀과 나무좀 무리는 요즘에 바구미과로 통합되었다. 둘 다 나무속에 파먹고 산다. 하지만 긴나무좀과 나무좀은 아주 다른 무리다. 긴나무좀은 머리가 앞가슴등판과 거의 같은 폭이다. 나무좀은 머리 폭이 앞가슴등판보다 훨씬 좁다. 긴나무좀은 눈이 둥글지만, 나무좀은 타원형이거나 위아래로 눈이 나뉘었다. 긴나무좀은 발목마디가 제법 긴데, 나무좀은 발목마디가 짧다.

긴나무좀 무리는 온 세계에 1,000종쯤 살고, 우리나라에 5종이 알려졌다. 나무속에 살면서 바늘처럼 뾰족하고 둥근 구멍을 내며 파먹는다. 그래서 서양 사람들은 '바늘구멍 딱정벌레(Pin-hole Beetle)'라고 한다. 긴나무좀이 판 구멍에 병균이 자라 나무를 말라죽게 한다.

나무좀 무리는 온 세계에 6,500종쯤이 산다. 우리나라에는 100종쯤 산다고 한다. 어른벌레와 애벌레 모두 나무속을 파먹는다. 짝짓기를 마친 암컷은 나무에 뚫은 구멍에 알을 낳는다. 알에서 나온 애벌레는 나무속을 파먹고 산다. 몸집이 아주 작고, 몸빛은 거의 검거나 밤색이어서 눈으로 구별하기가 어렵다. 나무속을 갉아 먹어서 나무를 말라죽게 한다.

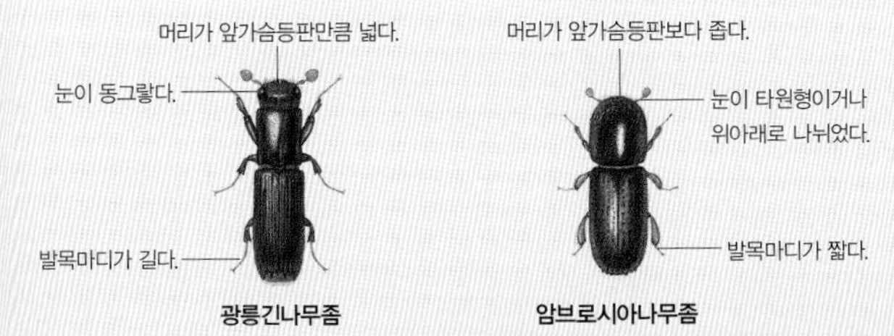

광릉긴나무좀

암브로시아나무좀

찾아보기

학명 찾아보기

A

B

C

D

E

Z

우리말 찾아보기

가

나

다

아

자

차

카

타

파

하

참고한 책

단행본

《갈참나무의 죽음과 곤충 왕국》 정부희, 상상의숲, 2016
《검역해충 분류동정 도해집(딱정벌레목)》 농림축산검역본부, 2018
《곤충 개념 도감》 필통 속 자연과 생태, 2013
《곤충 검색 도감》 한영식, 진선북스, 2013
《곤충 도감 – 세밀화로 그린 보리 큰도감》 김진일 외, 보리, 2019
《곤충 마음 야생화 마음》 정부희, 상상의숲, 2012
《곤충 쉽게 찾기》 김정환, 진선북스, 2012
《곤충, 크게 보고 색다르게 찾자》 김태우, 필통 속 자연과 생태, 2010
《곤충들의 수다》 정부희, 상상의숲, 2015
《곤충분류학》 우건석, 집현사, 2014
《곤충은 대단해》 마루야마 무네토시, 까치, 2015
《곤충의 밥상》 정부희, 상상의숲, 2013
《곤충의 비밀》 이수영, 예림당, 2000
《곤충의 빨간 옷》 정부희, 상상의숲, 2014
《곤충의 유토피아》 정부희, 상상의숲, 2011
《과수병 해충》 농촌진흥청, 1997
《나무와 곤충의 오랜 동행》 정부희, 상상의숲, 2013
《내가 좋아하는 곤충》 김태우, 호박꽃, 2010
《논 생태계 수서무척추동물 도감(증보판)》 농촌진흥청, 2008
《딱정벌레 왕국의 여행자》 한영식, 이승일, 사이언스북스, 2004
《딱정벌레》 박해철, 다른세상, 2006
《딱정벌레의 세계》 아서 브이 에번스, 찰스 엘 벨러미, 까치, 2004
《물속 생물 도감》 권순직, 전영철, 박재흥, 자연과생태, 2013
《미니 가이드 8. 딱정벌레》 박해철 외, 교학사, 2006
《버섯살이 곤충의 사생활》 정부희, 지성사, 2012
《봄, 여름, 가을, 겨울 곤충일기》 이마모리 미스히코, 1999
《사계절 우리 숲에서 만나는 곤충》 정부희, 지성사, 2015

《사슴벌레 도감》 김은중, 황정호, 안승락, 자연과생태, 2019
《쉽게 찾는 우리 곤충》 김진일, 현암사, 2010
《신 산림해충 도감》 국립산림과학원, 2008
《우리 곤충 200가지》 국립수목원, 지오북, 2010
《우리 곤충 도감》 이수영, 예림당, 2004
《우리 땅 곤충 관찰기 1~4》 정부희, 길벗스쿨, 2015
《우리 산에서 만나는 곤충 200가지》 국립수목원, 지오북, 2013
《우리 주변에서 쉽게 찾아보는 한국의 곤충》 박성준 외, 국립환경과학원, 2012
《우리가 정말 알아야 할 우리 곤충 백가지》 김진일, 현암사, 2009
《이름으로 풀어보는 우리나라 곤충 이야기》 박해철, 북피아주니어, 2007
《잎벌레 세계》 안승락, 자연과 생태, 2013
《전국자연환경조사 데이터북 3권 한국의 동물2(곤충)》 강동원 외, 국립생태원, 2017
《조영권이 들려주는 참 쉬운 곤충 이야기》 조영권, 철수와영희, 2016
《종의 기원》 다윈, 동서문화사, 2009
《주머니 속 곤충 도감》 손상봉, 황소걸음, 2013
《주머니 속 딱정벌레 도감》 손상봉, 황소걸음, 2009
《하늘소 생태 도감》 장현규 외, 지오북, 2015
《하천 생태계와 담수무척추동물》 김명철, 천승필, 이존국, 지오북, 2013
《한국 곤충 생태 도감Ⅲ – 딱정벌레목》 김진일, 1999
《한국 밤 곤충 도감》 백문기, 자연과 생태, 2016
《한국동식물도감 제10권 동물편(곤충류 Ⅱ)》 조복성, 문교부, 1969
《한국동식물도감 제30권 동물편(수서곤충류)》 윤일병 외, 문교부, 1988
《한국의 곤충 제12권 1호 상기문류》 김진일, 환경부 국립생물자원관, 2011
《한국의 곤충 제12권 2호 바구미Ⅰ》 홍기정, 박상욱, 한성덕, 국립생물자원관, 2011
《한국의 곤충 제12권 3호 측기문류》 김진일, 환경부 국립생물자원관, 2012
《한국의 곤충 제12권 4호 병대벌레류Ⅰ》 강태화, 환경부 국립생물자원관, 2012
《한국의 곤충 제12권 5호 거저리류》 정부희, 환경부 국립생물자원관, 2012
《한국의 곤충 제12권 6호 잎벌레류(유충)》 이종은, 환경부 국립생물자원관, 2012
《한국의 곤충 제12권 7호 바구미류Ⅱ》 홍기정 외, 환경부 국립생물자원관, 2012

《한국의 곤충 제12권 8호 바구미류Ⅳ》 박상욱 외, 환경부 국립생물자원관, 2012
《한국의 곤충 제12권 9호 거저리류》 정부희, 환경부 국립생물자원관, 2012
《한국의 곤충 제12권 10호 비단벌레류》 이준구, 안기정, 환경부 국립생물자원관, 2012
《한국의 곤충 제12권 11호 바구미류Ⅴ》 한경덕 외, 환경부 국립생물자원관, 2013
《한국의 곤충 제12권 12호 거저리류》 정부희, 환경부 국립생물자원관, 2013
《한국의 곤충 제12권 13호 딱정벌레류》 박종균, 박진영, 환경부 국립생물자원관, 2013
《한국의 곤충 제12권 14호 송장벌레》 조영복, 환경부, 국립생물자원관, 2013
《한국의 곤충 제12권 21호 네눈반날개아과》 김태규, 안기정, 환경부, 국립생물자원관, 2015
《한국의 곤충 제12권 26호 수서딱정벌레Ⅱ》 이대현, 안기정, 환경부, 국립생물자원관, 2019
《한국의 곤충 제12권 27호 거저리상과》 정부희, 환경부, 국립생물자원관, 2019
《한국의 곤충 제12권 28호 반날개아과》 조영복, 환경부, 국립생물자원관, 2019
《한국의 딱정벌레》 김정환, 교학사, 2001
《화살표 곤충 도감》 백문기, 자연과 생태, 2016

《原色日本甲虫図鑑 Ⅰ~Ⅳ》 保育社, 1985
《原色日本昆虫図鑑 上, 下》 保育社, 2008
《日本産カミキリムシ検索図説》 大林 延夫, 東海大学出版会, 1992
《日本産コガネムシ上科標準図鑑》 荒谷 邦雄 岡島 秀治, 学研

논문

갈색거저리(Tenebrio molitor L.)의 발육특성 및 육계용 사료화 연구, 구희연, 전남대학교, 2014
강원도 백두대간내에 서식하는 지표배회성 딱정벌레의 군집구조와 분포에 관한 연구, 박용환, 강원대학교, 2014
골프장에서 주둥무늬차색풍뎅이, Adoretus tenuimaculatus (Coleoptera:

Scarabaeidae)와 기주식물간의 상호관계에 관한 연구. 이동운. 경상대학교. 2000

광릉긴나무좀의 생태적 특성 및 약제방제. 박근호. 충북대학교. 2008

광릉숲에서의 장수하늘소(딱정벌레목: 하늘소과) 서식실태 조사결과 및 보전을 위한 제언. 변봉규 외. 한국응용곤충학회지. 2007

국내 습지와 인근 서식처에서 딱정벌레류(딱정벌레목, 딱정벌레과)의 시공간적 분포양상. 도윤호. 부산대학교. 2011

극동아시아 바수염반날개속 (딱정벌레목: 반날개과: 바수염반날개아과)의 분류학적 연구. 박종석. 충남대학교. 2006

기주식물에 따른 딸기잎벌레(Galerucella grisescens(Joannis))의 생활사 비교. 장석원. 대전대학교. 2002

기주에 따른 팥바구미(Callosobruchus chinensis L.)의 산란 선호성 및 성장. 김슬기. 창원대학교. 2016

꼬마남생이무당벌레(Propylea japonica Thunberg)의 온도별 성충 수명, 산란수 및 두 종 진딧물에 대한 포식량. 박부용, 정인홍, 김길하, 전성욱, 이상구. 한국응용곤충학회지. 2019

꼬마남생이무당벌레[Propylea japonica (Thunberg)]의 온도발육모형. 이상구, 박부용, 전성욱, 정인홍, 박세근, 김정환, 지창우, 이상범. 한국응용곤충학회지. 2017

노란테먼지벌레(Chlaenius inops)의 精子形成에 對한 電子顯微鏡的 觀察. 김희룡. 경북대학교. 1986

노랑무당벌레의 발생기주 및 생물학적 특성. 이영수, 장명준, 이진구, 김준란, 이준호. 한국응용곤충학회지. 2015

노랑무당벌레의 발생기주 및 생물학적 특성. 이영수, 장명준, 이진구, 김준란, 이준호. 한국응용곤충학회지. 2015

녹색콩풍뎅이의 방제에 관한 연구. 이근식. 상주대학교. 2005

농촌 경관에서의 서식처별 딱정벌레 (딱정벌레목: 딱정벌레과) 군집 특성. 강방훈. 서울대학교. 2009

느티나무벼룩바구미(Rhynchaenussanguinipes)의 생태와 방제. 김철수. 한국수목보호연구회. 2005

경남과학기술대학교. 2013
북방수염하늘소의 교미행동. 김주섭. 충북대학교. 2007
뽕나무하늘소 (Apriona germari) 셀룰라제의 분자 특성. 위아동. 동아대학교. 2006
뽕밭에서 월동하는 뽕나무하늘소(Apriona germari Hope)의 생태적 특성. 윤형주 외. 한국응용곤충학회지. 1997
산림생태계내의 한국산 줄범하늘소족 (딱정벌레목: 하늘소과: 하늘소아과)의 분류학적 연구. 한영은. 상지대학교. 2010
상주 도심지의 딱정벌레상과(Caraboidea) 발생상에 관한 연구. 정현석. 상주대학교. 2006
소나무림에서 간벌이 딱정벌레류의 분포에 미치는 영향. 강미영. 경남과학기술대학교. 2013
소나무재선충과 솔수염하늘소의 생태 및 방제물질의 선발과 이용에 관한 연구. 김동수. 경상대학교. 2010
소나무재선충의 매개충인 솔수염하늘소 성충의 우화 생태. 김동수 외. 한국응용곤충학회지. 2003
솔수염하늘소 成蟲의 活動리듬과 소나무材線蟲 防除에 關한 研究. 조형제. 진주산업대학교. 2007
Systematics of the Korean Cantharidae (Coleoptera). 강태화. 성신여자대학교. 2008
알팔파바구미 성충의 밭작물 유식물에 대한 기주선호성. 배순도, 김현주, Bishwo Prasad Mainali, 윤영남, 이건휘. 한국응용곤충학회지. 2013
애반딧불이(Luciola lateralis)의 서식 및 발생에 미치는 환경 요인. 오흥식. 대전대학교. 2009
외래종 돼지풀잎벌레(Ophrealla communa LeSage)의 국내 발생과 분포현황. 손재천, 안승락, 이종은, 박규택. 한국응용곤충학회지. 2002
우리나라에서 무당벌레(Harmoniaaxyridis Coccinellidae)의 초시무늬의 표현형 변이와 유전적 상관. 서미자, 강은진, 강명기, 이희진 외. 한국응용곤충학회지. 2007

유리알락하늘소를 포함한 14종 하늘소의 새로운 기주식물 보고 및 한국산 하늘소과[딱정벌레목: 잎벌레상과]의 기주식물 재검토. 임종옥 외. 한국응용곤충학회지. 2014
유충의 이목 침엽수 종류에 따른 북방수염하늘소의 성장과 발육 및 생식. 김주. 강원대학교. 2009
일본잎벌레의 분포와 먹이원 분석. 최종윤, 김성기, 권용수, 김남신. 생태와 환경. 2016
잎벌레과: 딱정벌레목. 이종은, 안승락. 농촌진흥청. 2001
잣나무林의 딱정벌레目과 거미目의 群集構造에 關한 硏究. 김호준. 고려대학교. 1988
저곡해충편람. 국립농산물검사소. 농림수산식품부. 1993
저장두류에 대한 팥바구미의 산란, 섭식 및 우화에 미치는 온도의 영향. 김규진, 최현순. 한국식물학회. 1987
제주도 습지내 수서곤충(딱정벌레목) 분포에 관한 연구. 정상배, 제주대학교. 2006
제주 감귤에 발생하는 밑빠진벌레과 종 다양성 및 애넓적밑빠진벌레 개체군 동태. 장용석. 제주대학교. 2011
제주 교래 곶자왈과 그 인근 지역의 딱정벌레類 분포에 관한 연구. 김승언. 제주대학교. 2011
제주 한경-안덕 곶자왈에서 함정덫 조사를 통한 지표성 딱정벌레의 종다양성 분석. 민동원. 제주대학교. 2014
제주도의 먼지벌레 (II). 백종철, 권오균. 한국곤충학회지. 1993
제주도의 먼지벌레 (IV). 백종철. 한국토양동물학회지. 1997
제주도의 먼지벌레 (V). 백종철, 정세호. 한국토양동물학회지. 2003
제주도의 먼지벌레 (VI). 백종철, 정세호. 한국토양동물학회지. 2004
제주도의 먼지벌레. 백종철. 한국곤충학회지. 1988
주요 소똥구리종의 생태: 토양 환경에서의 역할과 구충제에 대한 반응. 방혜선. 서울대학교. 2005
주황긴다리풍뎅이(Ectinohoplia rufipes: Coleoptera, Scarabaeidae)의 골프장 기주식물과 방제전략. 최우근. 경상대학교. 2002

진딧물의 포식성 천적 꼬마남생이무당벌레(Propylea japonica Thunberg) (딱정벌레목: 딱정벌레과)의 생물학적 특성. 이상구. 전북대학교. 2003
진딧물天敵 무당벌레의 分類學的 研究. 농촌진흥청. 1984
철모깍지벌레(Saissetia coffeae)에 대한 애홍점박이무당벌레(Chilocorus kuwanae)의 포식능력. 진혜영, 안태현, 이봉우, 전혜정, 이준석, 박종균, 함은혜. 한국응용곤충학회지. 2015
청동방아벌레(Selatosomus puncticollis Motschulsky)의 생태적 특성 및 감자포장내 유충밀도 조사법. 권민, 박천수, 이승환. 한국응용곤충학회. 2004
춘천지역 무당벌레(Harmoniaaxyridis)의 기생곤충. 박해철, 박용철, 홍옥기, 조세열. 한국곤충학회지. 1996
크로바잎벌레의 생활사 조사 및 피해 해석. 최귀문, 안재영. 농촌진흥청. 1972
큰이십팔점박이무당벌레(Henosepilachna vigintioctomaculata Motschulsky)의 생태적 특성 및 강릉 지역 발생소장. 권민, 김주일, 김점순. 한국응용곤충학회지. 2010
팥바구미(Callosobruchus chinensis) (Coleoptera: Bruchidae) 産卵行動의 生態學的 解析. 천용식. 고려대학교. 1991
한국 남부 표고버섯 및 느타리버섯 재배지에 분포된 해충상에 관한 연구. 김규진, 황창연. 한국응용곤충학회지. 1996
韓國産 Altica屬(딱정벌레目: 잎벌레科: 벼룩잎벌레亞科)의 未成熟段階에 관한 分類學的 研究. 강미현. 안동대학교. 2013
韓國産 Cryptocephalus屬 (딱정벌레目: 잎벌레科: 통잎벌레亞科) 幼蟲의 分類學的 研究. 강승호. 안동대학교. 2014
韓國産 거위벌레科(딱정벌레目)의 系統分類 및 生態學的 研究. 박진영. 안동대학교. 2005
한국산 거저리과의 분류 및 균식성 거저리의 생태 연구. 정부희. 성신여자대학교. 2008
한국산 검정풍뎅이과(딱정벌레목, 풍뎅이상과)의 분류 및 형태 형질에 의한 수염풍뎅이속의 분지분석. 김아영. 성신여자대학교. 2010
한국산 길앞잡이 (딱정벌레목, 딱정벌레과). 김태흥, 백종철, 정규환.

한국토양동물학회지. 2005

한국산 납작버섯반날개아족(딱정벌레목: 반날개과: 바수염반날개아과)의 분류학적 연구. 김윤호. 충남대학교. 2008

한국산 머리먼지벌레속(딱정벌레목: 딱정벌레과)의 분류. 문창섭. 순천대학교. 1995

한국산 머리먼지벌레속의 분류. 문창섭. 순천대학교 대학원. 1995

韓國産 머리먼지벌레族 (딱정벌레 目: 딱정벌레科)의 分類. 문창섭. 순천대학교. 2006

한국산 먼지벌레 (14). 백종철. 한국토양동물학회지. 2005

한국산 먼지벌레. 백종철, 김태흥. 한국토양동물학회지. 2003

한국산 먼지벌레. 백종철. 한국토양동물학회지. 1997

한국산 멋쟁이딱정벌레 (딱정벌레목: 딱정벌레과)의 형태 및 분자분류학적 연구. 최은영. 경북대학교. 2013

한국산 모래톱물땡땡이속(딱정벌레목, 물땡땡이과)의 분류학적 연구. 윤석만. 한남대학교. 2008

한국산 무늬먼지벌레족(Coleoptera: Carabidae)의 분류학적 연구. 최익제. 경북대학교. 2014

한국산 무당벌레과의 분류 및 생태. 박해철. 고려대학교. 1993

한국산 무당벌레붙이과[딱정벌레목: 머리대장상과]의 분류학적 검토. 정부희. 한국응용곤충학회지. 2014

한국산 미기록종 가시넓적거저리의 생활사 연구. 정부희, 김진일. 한국응용곤충학회지. 2009

한국산 바닷가 반날개과의 다양성 (곤충강: 딱정벌레목). 유소재. 충남대학교. 2009

한국산 방아벌레붙이아과(딱정벌레목: 머리대장상과: 버섯벌레과)의 분류학적 검토. 정부희, 박해철. 한국응용곤충학회지. 2014

한국산 버섯반날개속의 분류학적 검토 (딱정벌레목: 반날개과 : 뾰족반날개아과). 반영규. 충남대학교. 2013

한국산 뿔벌레과(딱정벌레목)의 분류학적 연구. 민홍기. 한남대학교. 2008

한국산 사과하늘소속(딱정벌레목: 하늘소과)의 분류학적 연구. 김경미. 경북대학교. 2012

한국산 사슴벌레붙이(딱정벌레목, 사슴벌레붙이과)의 실내발육 특성. 유태희, 김철학, 임종옥, 최익제, 이제현, 변봉규. 한국응용곤충학회 학술대회논문집. 2016
한국산 수시렁이과(딱정벌레목)의 분류학적 연구. 신상언. 성신여자대학교. 2004
한국산 수염잎벌레속(딱정벌레목: 잎벌레과: 잎벌레아과)의 분류 및 생태학적 연구. 조희욱. 안동대학교. 2007
한국산 알물방개아과와 땅콩물방개아과 (딱정벌레목: 물방개과)의 분류학적 연구. 이대현. 충남대학교. 2007
한국산 좀비단벌레족 딱정벌레목 비단벌레과의 분류학적 연구. 김원목. 고려대학교. 2001
한국산 주둥이방아벌레아과 (딱정벌레목: 방아벌레과)의 분류학적 재검토 및 방아벌레과의 분자계통학적 분석. 한태만. 서울대학교. 2013
한국산 줄반날개아과(딱정벌레목: 반날개과)의 분류학적 연구. 이승일. 충남대학교. 2007
한국산 톱보잎벌레붙이속(Lagria Fabricius)(딱정벌레목: 거저리과: 잎벌레붙이아과)에 대한 분류학적 연구. 정부희, 김진일. 한국응용곤충학회지. 2009
한국산 하늘소(천우)과 갑충에 관한 분류학적 연구. 조복성. 대한민국학술원논문집. 1961
한국산 하늘소붙이과 딱정벌레목 거저리상과의 분류학적 연구. 유인성. 성신여자대학교. 2006
韓國產 호리비단벌레屬(딱정벌레目 : 비단벌레科: 호리비단벌레亞科)의 分類學的 硏究. 이준구. 성신여자대학교. 2007
한국산(韓國產) 먼지벌레 족(4). 문창섭, 백종철. 한국토양동물학회지. 2006
한반도 하늘소과 갑충지. 이승모. 국립과학관. 1987
호두나무잎벌레(Gastrolina deperssa)의 형태적 및 생태학적 특성. 장석준, 박일권. 한국응용곤충학회지. 2011
호두나무잎벌레의 생태적 특성에 관한 연구. 이재현. 강원대학교. 2010

저자 소개

그림

옥영관 서울에서 태어났습니다. 어릴 때 살던 동네는 아직 개발이 되지 않아 둘레에 산과 들판이 많았답니다. 그 속에서 마음껏 뛰어놀면서 늘 여러 가지 생물에 호기심을 가지고 자랐습니다. 홍익대학교 미술대학과 대학원에서 회화를 공부하고 작품 활동과 전시회를 여러 번 열었습니다. 또 8년 동안 방송국 애니메이션 동화를 그리기도 했습니다. 2012년부터 딱정벌레, 나비, 잠자리 도감에 들어갈 그림을 그리고 있습니다. 《세밀화로 그린 보리 어린이 잠자리 도감》, 《잠자리 나들이도감》, 《세밀화로 그린 보리 어린이 나비 도감》, 《세밀화로 그린 보리 어린이 딱정벌레 도감》, 《나비 나들이도감》, 《세밀화로 그린 큰도감 나비도감》, 《세밀화로 그린 정부희 선생님 생태 교실》에 그림을 그렸습니다.

글

강태화 한서대학교 생물학과를 졸업하고, 성신여자대학교 생물학과 대학원에서 《한국산 병대벌레과(딱정벌레목)에 대한 계통분류학적 연구》로 박사 학위를 받았습니다. 지금은 전남생물산업진흥원 친환경농생명연구센터에서 곤충을 연구하고 있습니다.

김종현 오랫동안 출판사에서 편집자로 일하다 지금은 여러 가지 도감과 그림책, 옛이야기 글을 쓰고 있습니다. 《세밀화로 그린 보리 어린이 바닷물고기 도감》, 《세밀화로 그린 보리 어린이 잠자리 도감》, 《세밀화로 그린 보리 어린이 나비 도감》 같은 책을 편집했고, 《곡식 채소 나들이도감》, 《약초 도감-세밀화로 그린 보리 큰도감》에 글을 썼습니다. 또 만화책 《바다 아이 창대》, 옛이야기 책 《무서운 옛이야기》, 《꾀보 바보 옛이야기》, 《꿀단지 복단지 옛이야기》에 글을 썼습니다.